·恋恋香草园·

爱上迷迭香

迷迭香栽培与实用手册

Rosemary

李珊珊 ◎ 著

U0380779

中国农业出版社

北　京

清冷的早春，雨后的迷迭香总能勾起一点思绪

冬日里的迷迭香为萧索的园子增添了一丝明媚

生中堂以游观兮，览芳草之树庭。

重妙[叶]于纤枝兮，扬修干而结茎。

承灵露以润根兮，嘉日月而敷荣。

随回风以摇动兮，吐芬气之穆清。

薄西夷之秽俗兮，越万里而来征。

岂众卉之足方兮，信希世而特生。

——〔汉〕曹丕《迷迭香赋》

　　追根溯源，迷迭香是一种源自地中海的香草，从古罗马时期在英国就有繁育，在欧洲和美洲的温带地区都有人工栽培，并逐渐推广到全世界。它的属名 *Rosmariuse* 来自两个拉丁文（ros 和 marinus），意思是"海洋之露"，缘于这种植物的原生地位于海边温暖的向阳山坡上。相传，迷迭香的花原本是白色的。圣母玛利亚带着圣婴耶稣基督逃往埃及的途中，玛利亚将她的袍子挂在迷迭香丛中，从此迷迭香的花变成了蓝色。它的英文名 Rosemary（直译为"玫瑰玛丽"）据说正由此而来。9 世纪初期，罗马帝国查理曼大帝（742—814）将迷迭香列为皇家庄园中必备的植物种类之一，直到现在，全球的顶级园林中还随处可见迷迭香的身影。

　　迷迭香是一种很实用的香草，既可以作为厨房的调味料，也是重要的精油、纯露原材料。迷迭香是最早用于医药的植物之一，自古也是地中海沿岸国家祭祀的重要香料。古希腊的穷人没钱购买香料，就在神龛中燃烧迷迭香，并称它为"熏香灌木"。古埃及人神秘的防腐术中就用到迷迭香。中世纪的欧洲人燃烧迷迭香来驱魔避邪、给病房消毒杀菌，这一传统延续了数百年。20 世纪初，法国还保持着在医院燃烧迷迭香的传统。

如果让我选择一株香草带到一个荒岛上，那么我将会选择迷迭香。它是用途最广的香草之一，在食用、家用和药用上都非常有用。

——［英］詹卡·麦克维卡

芳香疗法中除了薰衣草，最重要的唇形花科植物大概就是迷迭香。

——［英］派翠西亚·戴维斯

三国时期，迷迭香传入我国，据曹植《迷迭香赋》载，因"其生处土如渥丹。过严冬，花始盛开，开即谢，入土结成珠，颗颗如火齐，佩之香浸入肌体，闻者迷恋不能去，故曰迷迭香"。

时移世易，迷迭香因其独有的幽静香气受到历代贵族士大夫的喜爱而逐渐在我国广袤的大地上扎下根，绵延至今，成为寻常百姓家中随处可见的香草。

能如此广受欢迎，香气浓郁固然是原因之一，最重要的还缘于迷迭香卓越的保健功效。

数百年来，迷迭香始终和"记忆"密不可分。《哈姆雷特》中的奥菲利亚就曾说过："迷迭香，是增强记忆的良药。"因为它能增强脑细胞对氧气的吸收，从而改善注意力和记忆力。17世纪英国草药学家尼古拉斯·卡尔培波曾在其《草药全书》中推荐在太阳穴和鼻翼上涂2～3滴迷迭香精油来治疗脑部疾病。同时，迷迭香被誉为循环系统的"兴奋剂"，不仅有助于体内脂肪和淀粉的降解，而且具有良好的促进血液循环的功效，被用于缓解心血管系统循环不良和血压低的问题。研究表明，迷迭香中含有大量的迷迭香碱，这是一种温和的镇痛剂，也是为什么迷迭香精油可以缓解疼痛和偏头痛的原因；在福建漳州，老人们早已习惯将新鲜的迷迭香枝叶浸泡在山茶油中，以此作为儿童腹痛时的按摩油。当然，所有精油都有使用禁忌，这一点在书中也会详细提及。

迷迭香同时被称为"美容香草"。数百年前开始，迷迭香精油就被用于保养皮肤和头发，是真正古龙水的成分之一，也是传说中可以"返老还童"的匈牙利皇后水的主要成分。在洗发水中加入迷迭香精油，不仅可以加深发色，还可以减少掉发并增加头发光泽。当然，已经变白的头发想要用几滴迷迭香精油就迅速变黑是不现实的，但确实存在通过长期使用迷迭香精油对两鬓的白发进行针对性按摩而复黑的案例。

当然，迷迭香叶子也是很美味的食用香料，内含多种黄酮类物质、迷迭香酸、单宁、β-胡萝卜素、维生素C、钙、铁、镁和三萜类物质等。迷迭香叶拥有很长的食用历史，却极少发现毒副作用的报道。BBC的 *Good Food* 杂志曾专门介绍过迷迭香，称它是羊肉和鸡肉的最佳伴侣，但同样适用于鱼类和豆瓣菜；称它在法国菜、西班牙菜及意大利菜中应用广泛；称它因健脑的功效被希腊人视若珍宝。

本书将尽量详细地为大家介绍迷迭香的栽培技巧、采摘时间和日常使用技巧。希望这本书能为对迷迭香有兴趣的朋友提供一点帮助。

在此，特别感谢吴维坚同志对书中配图及视频拍摄工作提供的帮助，感谢杨敏同志为书中部分花艺提供的创意支持，感谢葵汐（福建）香草园为本书部分照片提供场所支持。

李珊珊
2020 年 11 月

目 录

CONTENTS

前言

Part 1　迷迭香其实很好种 / 1

- 5个迷迭香品种图鉴 / 3
- 栽培时间 / 10
  一、工具准备 / 10
  二、繁殖技巧 / 19
  三、掌握迷迭香的习性 / 24
  四、定植和收获 / 26
  五、栽培过程中常见问题的应对之策 / 30

Part 2　爱上迷迭香饮食 / 33

- 调味料系列 / 35
  普罗旺斯风味调味粉 / 35
  黑椒调味粉 / 35
  地中海风味调味粉 / 36
  红葡萄酒酱汁 / 36
  迷迭香油/醋/酒 / 36
  迷迭香糖浆 / 37
- 轻食系列 / 39
  西兰花沙拉 / 39

迷迭香烤土豆泥　/ 40
● 主食系列　/ 42
香草意面　/ 42
迷迭香煎羊排　/ 43
迷迭香烤鸡排　/ 44
迷迭香手撕吐司　/ 45

● 甜品系列　/ 50
柠檬/橙&迷迭香杯子蛋糕　/ 50
香草淋面蛋糕　/ 54
● 茶饮系列　/ 64
香草茶饮　/ 64
迷迭香气泡饮　/ 66
迷迭香咖啡拿铁　/ 66

Part 3　迷迭香小物DIY　/ 68

● 简单手作　/ 70
干燥迷迭香　/ 70
自然干燥法　/ 70
烘箱干燥法　/ 71
微波干燥法　/ 71
迷迭香香囊　/ 72
家用除臭剂　/ 73

● Home SPA　/ 74
迷迭香浸泡油　/ 75
迷迭香精油/纯露　/ 76
黏土面膜　/ 78
迷迭香润唇膏　/ 79

迷迭香清新漱口水 ／80
迷迭香护发油 ／81
迷迭香美体磨砂膏 ／82
身体护理油 ／82
迷迭香养生浴 ／83
迷迭香气泡蛋 ／86
迷迭香香薰疗法 ／87
● 精油皂 ／88
● 冷制皂 ／95
固体皂 ／97
液体皂 ／107

Part 4　迷迭香真的很美 ／114

● 庭院造景 ／116
迎宾区植物搭配 ／117
道路旁植物搭配 ／118
● 街角小品 ／124
● 桌面盆景 ／126
● 插花艺术 ／132
罗马春天 ／133
紫罗兰之歌 ／135
初夏 ／137
醉海棠 ／139
空山新雨 ／141
鸟鸣涧 ／143

参考文献 ／144
后记 ／145

视频目录

1 迷迭香扦插技巧 / 19

2 迷迭香压条技巧 / 21

3 迷迭香播种技巧 / 23

4 迷迭香移栽定植技巧 / 27

5 迷迭香的修剪和采收 / 29

6 迷迭香糖浆 / 37

7 迷迭香煎羊排 / 43

8 迷迭香烤鸡排 / 44

9 迷迭香手撕吐司 / 45

10 柠檬/橙&迷迭香杯子蛋糕 / 50

11 香草淋面蛋糕 / 54

12 迷迭香咖啡拿铁 / 66

13 海之朝露皂 / 91

14 迷迭香绿泥皂 / 106

15 迷迭香深层洁净洗发皂 / 112

Part 1
迷迭香其实很好种

- 5个迷迭香品种图鉴
- 栽培时间

作为一种常绿的芳香灌木，迷迭香因其素雅的造型和迷人的香气，一直是欧式园林中不可或缺的组成部分，同时也是一种重要的蜜源植物。《中国植物志》对迷迭香的品种并没有做细分，目前已知迷迭香品种从形态学区分，可分为直立型、半匍匐型和匍匐型；从花色区分，可分为蓝色系、粉色系和白色系等，同一色系尚有不同深浅度的花色。

值得一提的是，现在市面上出现以所含挥发物的主要化学成分来区分迷迭香品种的分类法，并以此将迷迭香分为马鞭草酮迷迭香、蒎烯迷迭香、樟脑迷迭香和桉油醇迷迭香等；这种分类法最初是用于区分不同化学型的迷迭香精油，并不作为栽培种的分类。实际上，往往有多种栽培品种的迷迭香，其精油的主要化学型均为蒎烯型，或马鞭草酮含量均颇高，然而形态、花色各异。若因主要成分类似就把它们归于一种，显然不合理；何况，同一栽培种因栽培环境不同，其精油的化学成分也会有所差异。因此，建议以常规分类命名法来命名迷迭香较为妥当，而勿套用迷迭香精油的分类方法。

5个迷迭香品种图鉴

雷克斯迷迭香

粉花迷迭香

塞汶海迷迭香

伍德迷迭香

迷迭香

市场上常见和新兴的几种迷迭香

迷迭香
Rosmarinus officinalis Linn.

花色：浓紫罗兰色（2015版RHS色卡：#N88B，Strong Violet）

花长：1.3 ~ 1.6厘米

花宽：0.7 ~ 1.0厘米

叶长：2.5 ~ 2.6厘米

叶宽：0.25 ~ 0.30厘米

此品种是闽南地区最常规的迷迭香品种，因为它类似生姜的香气，被当地人称为"生姜草"。露天栽培温度4 ~ 42℃，10℃以下或35℃以上将停止生长，日间气温低于4℃时需覆盖保温薄膜，持续高于40℃时需覆盖遮阳网。需要定植3年以上才能开花，且头年花量不大，但花中的马鞭草酮含量很高，可达5%以上（国际标准的最高含量为2.5%）。这种迷迭香的精油含量是所有品种中最高的，而且作为常绿的粗放管理型芳香小灌木，在园林绿化中的用途也非常广泛。

2020年2月，摄于漳州

直立型迷迭香"粉红"

Rosmarinus officinalis L. 'Pink'

花色：非常浅紫色（2015版RHS色卡：#76B，Very Light Purple）

花长：1.5 ~ 2.0厘米

花宽：0.7 ~ 1.0厘米

叶长：3.0 ~ 3.6厘米

叶宽：0.35 ~ 0.45厘米

此品种为粉花迷迭香的品种之一，定植第二年才会开花，较耐寒而不耐热，日间气温35℃以上时长势不良，但10℃左右时仍可以露地栽培且长势良好。半日照情况下可开花；花集中于短枝的顶部，在闽南地区花期可从国庆到次年4月，盛花期在次年春季，非常适合用来装点重要节日。春天花期后立刻修剪可以促进第二年开花。

2020年3月，摄于漳州

半匍匐性直立型迷迭香"雷克斯"

Rosmarinus officinalis L. 'Rex'

花色：浓紫罗兰色（2015版RHS色卡：#N88B，Strong Violet）

花长：1.4 ~ 1.9厘米

花宽：1.2 ~ 1.4厘米

叶长：2.5 ~ 2.6厘米

叶宽：0.25 ~ 0.30厘米

此品种需移栽成活两年以上才会开花，花集中于短枝的顶部；在闽南地区需11月份始花，至次年3月止，盛花期在次年春季。对温度的适应范围比"粉红"广，对积水和干旱的耐受力也比"粉红"强，日间气温在10 ~ 40℃时均长势良好，但气温高于25℃时，即使有花苞也会停止开花。

2020年3月，摄于漳州

半匍匐性直立型迷迭香"伍德"

Rosmarinus officinalis L. 'Wood'

花色：浅紫罗兰色（2015版RHS色卡：#93D，Light Violet）

花长：1.0 ~ 1.2厘米

花宽：0.5 ~ 0.7厘米

叶长：2.0 ~ 3.0厘米

叶宽：0.2 ~ 0.3厘米

此品种移栽当年即可开花。花色浅紫，着生在短枝的顶部，春、秋两季为盛花期，在闽南地区花期可从国庆到次年4月，用来装点重要节日非常合适。盛花时非常美丽。当日间气温在15℃以下或35℃以上时，会停止生长。香气浓度介于迷迭香和"塞汶海"之间，如同它的英文名"Wood"一般，它的香气中有非常浓郁的森林气息，微风扫过，仿佛置身一片松柏、香樟和尤加利混合林中。

伍德迷迭香的叶片肉质饱满、光泽度高，很适合作为不规则绿篱植物，用于烹饪羔羊肉也非常合适。和匍匐迷迭香一样，它也是优秀的蜜源植物。

2020年3月，摄于漳州

匍匐型迷迭香"塞汶海"

Rosmarinus officinalis 'Severn Sea'

花色：浅紫罗兰色（2015版RHS色卡：#94D，Light Violet）
花长：1 ~ 1.5厘米
花宽：0.8 ~ 1.0厘米
叶长：1.2 ~ 2.2厘米
叶宽：0.25 ~ 0.30厘米

此品种适应性广，抗逆性强，日间气温10 ~ 40℃均长势良好。在我国大部分地区可露地栽培，定植第一年花期不长甚至不开花，往后每年花期都会延长，到定植第三年，花期从当年10月延续到次年5月（部分年份有见全年开花）。它的花着生在短枝顶部，颜色接近"伍德"而较浅，花量极大，开花枝可拿来编制美丽的花环。如果把它定植到高脚花盆、吊盆或高墙的墙头，让它的枝条自然垂下，那星星点点的淡紫色小花在如瀑布般的枝条中衬托着璀璨的朝露，能让人真正体验到何为"海洋之露"。同时，它也是非常优秀的蜜源植物。

2019年11月，摄于漳州

迷迭香品种繁多，除了上述品种，直立品种还有托斯卡纳蓝（Tuscan Blue）迷迭香、鹰嘴豆（Misujiesappu）迷迭香、蓝芽（Blue Spires）迷迭香、本尼登蓝（Benenden Blue）迷迭香和白花（White）迷迭香等，半匍匐性直立型迷迭香还有蓝小孩（Blue Boy）迷迭香，匍匐性迷迭香还有芭芭拉（Barbara）迷迭香等。因篇幅有限，在此不详加介绍。

栽培时间

子曰："工欲善其事，必先利其器。"尽力准备优良的资材和称手的工具在园艺工作中绝不是华而不实的表面功夫。无论您是想专门繁殖迷迭香种苗进行销售，还是希望直接批量购买迷迭香种苗进行栽培生产，抑或仅仅希望在自家阳台上种出令人艳羡的茂盛盆栽，称手的资材和工具总是必不可少的。

一、工具准备

1.穴盘（也称"育苗盘"）

"穴盘"对许多刚入门的园艺爱好者而言还很陌生，但却是农民朋友们必不可少的育苗工具之一。凡涉及播种和扦插，穴盘都能发挥很大用处。对于迷迭香这类种子萌发时间长、苗期生长缓慢的香草，扦插是主要繁殖手段之一，如需大量繁殖，当然离不开穴盘。穴盘育苗的优点在于可以让小苗在生长过程中拥有完整的根系，彼此之间互不影响，移栽定植时大大提高植株的成活率；缺点是盘内基质容易干燥，需要每天查看是否需要浇水。

市面上穴盘的规格和种类繁多，本书中主要用到

穴盘

塑料材质，XX穴的穴盘是指穴盘中的孔洞数量，如图为50穴的穴盘。单片穴盘的面积相差不大，孔穴数越多，则单孔体积越小。

常规32穴的穴盘（有的商家会同时出售不同克重的32穴穴盘，克重越高表示穴盘越厚，越不容易损坏，但相应价格也越高，可根据自己的实际需要购买）。

2.育苗盘

迷迭香发芽率低、种子颗粒较小，用育苗盘育苗很方便。

3.小方盆

小方盆有多种颜色，因为多用黑色，俗称"小黑方"。它价格比穴盘贵一些，优点是可以独立处理。对于仅有少量扦插需求的家庭和零售电商平台的种苗经销商而言，小黑方不仅摆放场所灵活，而且方便独立包装，在邮寄过程中也更有利于保证种苗的成活率。

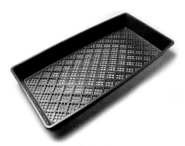

育苗盘

塑料材质，有多种颜色，款式很多，底部的网格或孔洞设计，方便渗水透气。

小方盆

塑料材质，单苗成本比穴盘略高。有大小多种规格，可根据实际需要购买。

4.花盆

无论是大型种苗场还是家庭园林绿地，花盆在迷迭香成株定植的过程中都必不可少。需要注意的是，考虑到迷迭香根系生长所需的空间，一个花盆只能栽种一棵迷迭香；无论什么材质的花盆，请确定盆底有足够的排水孔来保证花盆的透水性。

陶盆

陶盆很漂亮，且透气性好、经久耐用。无论欧式、地中海式还是中式庭院中，总是少不了各式各样的陶盆。但这种盆子如果反复利用的话，容易遗留上一次使用时的病害。所以种植前要把盆子擦洗干净，条件允许的情况下，放在120度的烘箱中干燥30分钟杀菌、消毒；若无法实现以上条件，至少也要在太阳下暴晒3天以上。

为了让崭新的陶盆看起来有岁月感，可以在花盆外壁覆盖鲜酸奶来促进苔藓的生长。

瓷盆

　　若说陶盆质朴，瓷盆则华丽得多。因为釉面的关系，瓷盆的色彩比陶盆更明快、艳丽，保水性也更好；但也是釉面的关系，它的透气性不如陶盆，且在霜冻的天气容易开裂。

塑料盆

　　作为现代农业中最常用的一类花盆，塑料材质轻便、廉价，因为成熟的塑料制作工艺，现在的塑料花盆无论造型、色彩还是质地，已经可以在短期内替代瓷质花盆充当农业生产和园林景观中的临时盆栽容器。但只要在阳光下暴晒一段时间，塑料花盆就会变硬变脆，手指一捏便会破裂，所以无法长期使用。

柳编／木质盆

　　柳编／木质花盆看起来很文艺，但在潮湿的环境很容易腐烂，所以使用寿命只能维持约1年时间。

金属盆

　　金属花盆经常被应用到欧式或地中海式风格的园林装饰中，但因为金属受环境影响大，升温降温快，若摆放在阳光直射的地方，容易因为花盆升温太快而破坏迷迭香的根系。对于需要靠光照积累香气的迷迭香而言，金属花盆显然不适合。

美植袋

　　迷迭香是不易移栽的植物，当成株的迷迭香需要进行移栽时，先将挖出的迷迭香苗栽培在美植袋中，原地进行假植，等待植株成活后再搬运到需要移栽的地块，这样可以大幅提高迷迭香的移栽成活率。

5.剪刀

在迷迭香的扦插、采收和修剪过程中，剪刀必不可少。春、秋两季的重剪（需修掉迷迭香冠幅的1/3）是采收迷迭香的重要时机，因作业量大，且希望兼具塑形的效果，我会推荐使用绿篱剪；如需处理扦插用的枝条，因对枝条木质部和非木质部的长度有特殊需求，建议选择修枝剪和尖头剪刀搭配使用。

绿篱剪	修枝剪	尖头剪刀
这种剪刀的刀刃有一定的弧度，无论修平还是修球都很方便。	迷迭香的扦插枝条需含有木质化的部分，应对已木质化的枝干，修枝剪比普通剪刀省力；日常管养中应对一些特别突出的木质化枝条也很称手。	这是普通剪刀，文具店和日杂店都可以买到，造型不同也没关系。为了方便修剪多余的叶片和嫩枝，只要保证刀头足够尖就可以。

6.基质

对于迷迭香盆苗，直接从地里刨出来的园土是不建议使用的。一方面，这样的土没有经过消毒，隐藏着各种病虫害和杂草种子、宿根；另一方面，迷迭香的根系对栽培基质的透气性和保水性要求很高，普通园土很难达到要求。若坚持使用园土，不仅迷迭香成活率低、长势差，还会增加很多额外的人工成本。因此，在迷迭香的盆栽过程中，推荐使用基质栽培。

在此，对迷迭香盆苗栽培期间用到的几种基质做以下简单的介绍（地栽苗因土壤种类复杂，将在第25页"三、掌握迷迭香的习性"之"2.土壤"中详细介绍，此处不予赘述）。

两份椰糠＋一份泥炭土＋一份蛭石 ＝ 迷迭香播种基质（此外，准备珍珠岩作为种子覆盖层）

一份椰糠＋一份泥炭土＋一份珍珠岩＋迷迭香用有机肥 ＝ 迷迭香扦插基质

一份椰糠＋一份泥炭土＋一份素土＋一份蛭石＋迷迭香用有机肥＝迷迭香盆栽用基质

15克海藻复合肥＋5克骨粉＋3克蹄角粉＋3克生石灰粉＝4升迷迭香扦插基质用有机肥

25克海藻复合肥＋15克骨粉＋15克蹄角粉＋5克生石灰粉＝4升迷迭香栽培基质用有机肥

泥炭土

珍珠岩

这是由水藓和沼泽植物残体沉积形成的土壤，富含有机质，经高温灭菌后是良好的栽培基质，在电商平台或当地较大的花卉市场可以购买到。如果可以，请直接购买磨细的泥炭土，否则买回来后请先粉碎。

很多园艺新手会误认为珍珠岩是泡沫塑料的小颗粒，因为它颗粒均匀、洁白无瑕、质地轻盈（只要有气流就会随风飘散），实在不像天然矿石。但它确实是一种中性的天然硅质矿石，跟其他基质混合在一起可以有效改善基质的排水性，促进根系生长，且不会改变土壤的酸碱度。

蛭石

椰糠

同样令园艺新手困惑的另一种基质就是蛭石，因为它金灿灿的外表，层叠的结构，同珍珠岩般轻盈的质地，常常被误认为是小木屑。其实它是含铝、镁、铁及水硅酸盐薄片的一种矿物质，用法和珍珠岩类似，但其保水性和透气性更胜一筹。

这是覆盖在椰壳最外层的包围物，能够改善土壤透气性和保水性，也很适合促进根系快速生长。为方便运输，椰糠通常被压制成椰砖，使用时需将椰砖敲破后粉碎使用。

素土

素土是天然沉积形成的不含砂石等杂质的土壤，密度均匀，建筑工地和园林工程场所经常能看到。

播种基质
（配方见第13页"6.基质"）

种子的胚乳中蕴含萌发所需的必要养分，所以播种基质无须额外添加基肥，但需保证疏松透气，方便迷迭香幼苗根系的快速伸展。

为防止水分的过度流失和杂草的恣意生长，播种后，需在种子表面覆盖一层珍珠岩。

扦插基质
（配方见第13页"6.基质"）

这个配方的基质一旦吸足水分，即使在干燥天气也可以保证穴盘内3～5天的水分而不需要天天浇水。秘诀是将基质装入穴盘后，将穴盘底部浸入水中（水面不可没过土面），让基质从底部往上吸水至土面湿润即可。

盆栽基质
（配方见第13页"6.基质"）

和扦插基质一样，这个基质只要吸足水分，即使在干燥天气也可以保持盆内2～3天的水分。在穴苗定植入盆后，需要先从盆底吸水至土面才能使盆内的水分分布均匀，此后每次仅需从植株基部浇水即可。

7.防草地布

从事农业工作的人都知道，人工成本是目前农业投入中的大项，而田间除草是人工开支中的大项。为了有效降低栽培成本，除草剂被广泛使用。但迷迭香因其使用的特殊性和相关副产品进出口方面的严格要求，很多时候不能使用药剂除草，此时防草地布便至关重要。

跟黑色地膜和无纺布材质的地布相比，防草地布价格昂贵。所以当我推荐农户们在地栽的迷迭香田使用防草地布时，几乎每次都会被问及是否可以用更便宜的资材代替。

下面是我对黑色地膜、无纺布地布、防草地布三种材料的使用心得。

	黑色地膜	无纺布地布	防草地布
价格	低	中高	高
透气性	差	优	良
渗水性	差	优	良
保水性	优	良	良
保温性	优	良	优
使用寿命	1～3个月	6～12个月	3～4年
防草能力	良	优	优
预防病虫害	差	优	优

乍眼一看，黑色地膜和无纺布地布保水性良好，防草能力也不错，价格还便宜。但迷迭香是多年生的小灌木，地表覆盖材料不容易更替，黑色地膜和无纺布地布有限的使用寿命成为它的一大弊端。何况黑色地膜的透气性太差，根系若长期处于潮湿闷热的土壤环境中，只会导致它的死亡。

8.浇花水壶 / 花洒水枪

浇花水壶或花洒适用于迷迭香的苗期，用来保持土壤湿润。但选购时要特别注意，浇花水壶或花洒的莲蓬头上的小孔应尽量细小，否则浇水时水雾的雾点太大，对幼苗反而是一种伤害。

9.滴灌带

定植后在田间铺设灌溉设施，可大量节约人工浇灌成本，提升灌溉效率。我国南方因为降水充沛，滴灌带比喷灌头更适合迷迭香。采用喷灌的话，迷迭香繁茂的枝叶很大程度上阻挡了水进入根系附近的土壤，且容易造成茎秆的过分潮湿。滴灌则可以针对根系所在的范围进行定点供水，既保证根系水分充足又避免造成基部积水。对于不想在畦面铺设防草地布的农户，滴灌带因为出水量集中，也能从一定程度上抑制外围杂草的生长，从而降低除草成本。何况节水农业于我国乃至全球的大环境而言也是势在必行。

南方滴灌

北方喷灌

在我国南方，滴灌比喷灌更适用于迷迭香。定植之前在田头铺设PVC主给水管及分区引流管。迷迭香定植之后，即可根据苗的具体位置铺设滴灌带，并定点扎出滴灌孔。

我国北方因为天气干燥，可在迷迭香田采用喷灌浇水。喷灌头的种类很多，功能大同小异。铺设喷头点时，需注意不要留有水雾覆盖不到的死角。

10.小铁铲

这类铁铲有木柄、塑料柄和铁柄的，有尖头和平头之分。尖头铁铲主要用于装填穴盘、花盆和翻拌小面积的土堆等；平头铁铲主要用于搅拌基质。若只想准备1把小铁铲，尖头铁铲比平头铁铲适用场合多，更实用一些。

11.锄头

田间劳作时，无论是整地做畦还是田间清除杂草，锄头都必不可少。

12.其他

园艺手套

雨衣

和普通手套不同，园艺手套的手掌和手指部分常用橡胶一类的防水材料，其他部分采用面纱等透气吸汗的材料。

在秋冬等干燥天气下，即使是常年务农的老农民，双手也难免反复开裂出血。在搅拌栽培基质或进行重体力农事活动时戴手套，可以有效保护劳作者的双手。

南方的秋冬季节偶有雨季。此时若需下田劳作，可以用雨衣代替笨重的外套。雨衣防风防雨的效果都很优秀，保温效果足够应对10℃以上的天气。此外，雨天的农事活动避免不了泥水喷溅的问题，雨衣也可以很好地保护衣裤。

雨鞋

田间劳作离不开一双防水的鞋子。无论是雨后还是刚刚浇过水，抑或清晨露水最重的时候，防水防滑的雨鞋都必不可少。

二、繁殖技巧

1. 扦插

迷迭香的种子发芽率极低，所以多用扦插繁殖。苗床需覆盖遮光率50%的遮阳网，有助于提高幼苗成活率。气温20～30℃是迷迭香扦插成活率最高的温度，应尽量挑选这个时节进行扦插繁殖。当气温低于10℃时，如需进行扦插，应在温室大棚中进行；当气温高于35℃时，应注意保持苗圃良好的通风。待充分生根后可定植在花盆里，继续培植1年后再移栽到室外，则成活率会提高很多。

春季

夏季

秋冬季

当气温介于20～30℃，剪取新生的健壮嫩枝进行扦插。

随着气温升高，用于扦插的枝条应带有一点木质化的部分，同时应注意不要浇水过量，避免湿度过高造成腐烂。

当气温低于20℃时，插穗所带木质化的部分需增加；当气温低于15℃时，应采用全木质化的插穗进行扦插；气温低于10℃时，应在温室大棚中进行扦插，且成活率不高。

扫码观看"迷迭香扦插技巧"

扦插步骤

剪取枝条前，请保证双手干净、干燥。所用枝条最好在中午前采集，采下的枝条若不能马上插完最好先插进水里，避免阳光暴晒，防止脱水。

剪取10厘米左右的枝条即可，根据上述季节表选择对应部位。

用尖头剪刀把插穗下半部分的叶片修剪干净，剪的时候要小心保护茎秆的外皮，因为下部残留的叶片和撕破的外皮容易招致病害，从而影响成活率。

把枝条下半部分的叶片修剪干净（3～4个节点的叶片），保留上半部分的叶片。如此，即完成一棵插穗。

将扦插基质装入穴盘后，插入插穗前需提前彻底湿润。一穴一棵，将插穗的下半部分轻轻插入基质中，直到所留叶片的基部。扦插后无须按压基质表面，以保证插穗根部周围的基质有足够的透气性。

将扦插好的穴盘整齐摆放在苗床上。苗床上方需覆盖遮光率50%的遮阳网。根据季节不同，可1～3天甚至5天浇水一次，原则是等穴盘中的土干透了再浇水。

若初学者不会判断浇水时机，可在浇透水时掂起穴盘感觉一下水分饱和时的重量，当发现土面颜色变浅，穴盘分量明显变轻时，视为可浇水的信号。

浇水过勤，容易吸引眼蕈蚊之类的小虫过来产卵，有虫啃食根部，令根系发育不全致迷迭香苗死亡。所以若时常发现扦插盘里有小虫在飞，或抖动一下穴盘即有成群小黑虫飞起，就该停止浇水，让苗缓缓了。

正确管理14～21天，迷迭香就能长出很漂亮的根系（具体时长跟季节、气温有关）。当然，因为个体差异，每盘扦插苗中有个别死株是很正常的，千万不要总抱着百分百成活的心态，否则一旦看到死株，很容易打击栽培的热情并引发不必要的焦虑。发现死株及时拔除即可，基本不影响周围的健壮小苗，这就是穴盘和小黑方育苗的方便处之一。

2.压条

在春季，迷迭香也能通过压条繁殖。值得一提的是，温带地区因为温度较低，压条的成活率会高于茎插。

扫码观看"迷迭香压条技巧"

选取一段靠近地表的强壮健康枝条，挑选中间30厘米长的部分，去掉所有的侧芽和叶片，沿着枝条接触土壤的一侧用锋利的美工刀刮去一小段表皮。

用小锄头将用于压条的土表进行充分翻松，用小耙子去除杂草和石子；用U形铁丝将枝条固定于土壤中。

在压条上覆盖一层土壤，让生长点露在外面即可。无须特意给压条浇水，因为它并未与母株脱离，养分仍可以从母株供给。春天进行的压条到了秋季就可将它分离，从而收获一株独立的迷迭香。但在北方，秋季移栽要特别注意，因为冬季过于寒冷，不建议将刚刚分离的植株进行露天栽培，建议移栽到温室内的花盆中，待来年春天再移栽到室外。

3.播种

对于迷迭香，播种繁殖是不推荐的育苗手段。因为迷迭香种子的保鲜期很短，即使有冷藏设备，贮藏12个月以上的种子就算使用专门的催芽激素浸种，并特意放在恒温培养箱中，它的发芽率也很难高于50%；若手边没有恒温培养箱，也买不到催芽激素，它的发芽率将降到10%以下。

当然，如果有条件获得新鲜的种子（指贮藏不超过6个月的种子），选择气温在20℃左右的早春时节进行播种，发芽率将大大提升。

秋冬季节，花枯萎后不久便会结出种子，收集这些种子，4℃干燥保存，方便来年早春进行播种繁殖

因迷迭香的种子较为细小，建议不采用穴盘而直接用播种盘播种。将播种基质平铺于播种盘中，可用小耙子或双手轻轻抚平，无须压实。

用干净、干燥的手握一小撮种子（约30～50粒）在掌心。用大拇指、食指和中指相配合，均匀地将掌心的种子撒播在基质表面。为避免撒播不均，初学者可尝试从5粒、5粒开始练习。

在种子表面均匀覆盖一层珍珠岩，可有效保持基质水分，同时防止杂草萌发，也避免花洒浇水或下雨时水流对种子造成的冲击。珍珠岩质地轻盈，不会对子叶的萌发产生额外的负担。

在播种盘插上品种标签并注明播种时间可方便跟踪萌芽进度，用花洒浇透水，每天观察，注意保持基质湿润。大面积栽培时，可在第一次浇透水后，在穴盘表面覆盖一层白色无纺布，如此可有效减少浇水次数，从而节省管理人工。

播种约15天后，迷迭香的子叶将陆续展开，此时仍需覆盖无纺布以保持基质湿润；待迷迭香的小苗生长至约5厘米高时，才能撒去无纺布。

扫码观看"迷迭香播种技巧"

4.组培苗

组培扩繁技术因为可以不受季节和周围小环境限制，用极少数的芽点即可繁育出数十万株种苗，被认为是现阶段快速扩繁的一条捷径。但因为目前迷迭香种苗的国内需求量有限，育苗场采用常规扦插或压条繁殖已经能满足市场所需；同时，即使拥有成熟的组培场所及技术人员，要从零开始建立一套迷迭香苗的组培体系仍需消耗近一年的培育期，其中投入的人力、物力成本比扦插繁殖高很多。建议年销售或消耗5万株以上迷迭香种苗的企业可以考虑进行迷迭香的组培扩繁，否则成本将比扦插苗高出许多而显得没有必要。

以下对迷迭香的组培配方做简单的介绍，供参考。

诱导幼芽的配方：MS + 6 BA + NAA（可适当添加蔗糖和CM）

丛生芽增殖配方：MS+6 BA + KT + NAA（可适当添加蔗糖）

生根配方：MS + NAA（可适当添加蔗糖）

三、掌握迷迭香的习性

迷迭香喜欢光照充足且温暖的地区，温带及亚热带地区宜于栽培。据笔者了解，我国黑龙江及内蒙古地区如果要栽培迷迭香，即使采用室内供暖似乎也不容易成活。室内供暖系统的问题在于会使空气变得很干燥，而迷迭香不喜这种干热的空气；室内浇水也很成问题，因为不能太干也不能太湿；此外，需要把迷迭香摆在最向阳的位置，因为它需要全日照、长期通风，否则容易滋生白粉病。

曾见迷迭香在美国阿巴拉契亚高地的圣劳伦斯河谷、阿巴拉契亚高原、新英格兰地区和阿迪朗达克州露地栽培的案例，说生长寿命可达数年，但当气温达到4℃以下时，需要对其进行覆盖保温，温度低于0℃时，需要移栽到室内。只是如前所述，室内栽培迷迭香需要精细的管理养护，人工成本将大幅提高。

阿巴拉契亚高地地处温带及亚热带，海拔300 ~ 600米，降水充沛，温度符合迷迭香的适种要求。至于海拔问题，虽然高海拔地区的温差大，能促进迷迭香开花和香气的积累，但并不是说低海拔地区就无法栽培迷迭香。众所周知，漳州地区有福建省最大的平原，而漳州平原的海拔均不超过50米，但只要畦和沟做得好，迷迭香一样可以在这里郁郁葱葱，散发浓郁的香气。我们甚至不用担心露天过冬的问题，因为这里的平原地带

（山区因受海拔影响，温度会更低需要注意）除个别年份的极少数时间出现过极端气温，一般最低温不会低于5℃。

1.评估选址

经常有人问："奇怪，一样迷迭香，为什么在这里可以长得好，相隔不过几十公里，到另外一处却都死了？"要回答这个问题，通常需要先了解种植地的情况。因为对一块成功的迷迭香田而言，光照、降水量和田间小气候缺一不可。若迷迭香田排水不良甚至积水，在山坡的阴面或山谷等光照不足的地方，暴露在盛行风下导致土壤特别干燥，都有可能导致迷迭香不易成活。

2.土壤

苗期和盆栽用的基质在前文中已详细介绍，此处主要介绍迷迭香露地栽培所需的土壤情况。

迷迭香属于地中海气候型植物，要求土壤保持最佳的透气透水性，以砂质壤土为首选。整地前，先用铁锹插进土壤中，看看土壤是否紧实；如果紧实，需在种植之前翻一遍地，翻地深度以15厘米为宜（重复翻耕会破坏土壤结构，所以只有在必要时才翻地）。这些整地工作宜在秋末冬初进行，并覆盖发酵好的有机肥来促进土壤中微生物的活动，为栽种迷迭香做好充足的准备。

迷迭香喜欢弱酸性土壤，碱性土壤会令它产生黄叶。所以提前测试一下土壤的酸碱度很有必要。pH试纸在化玻仪器店和电商平台都可以轻易买到且价格低廉。用它来测试土壤酸碱度非常方便，方法如下：

将土样在水中充分浸泡12小时后，滴一滴浸泡水在黄色试纸上，对照色卡的度数，度数小于7，表示酸性，度数越小则酸性越强；当度数大于7时，表示呈碱性，度数越大则碱性越强。

当然，除了酸碱度，土质也很重要。对于有经验的老农或园艺工作者而言，通常只需要看上几眼就知道这块田地究竟是什么土质。对于入门者，可从以下一些要点判断。

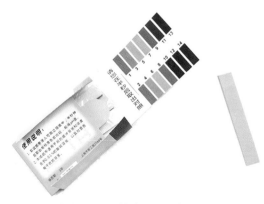

选购1 ～ 14的广程pH试纸即可

砂土（酸性）：土壤摸起来有砂粒感，紧握时感觉土壤松散，容易从指缝中溜走。这类的土排水性非常好，但相对无法保有植物所需的养分和水分。建议在冬天施一些腐殖质和有机肥来改良土壤肥力。

壤土（酸性）：紧握一把潮湿的土壤，土壤几乎不会从指缝中溜走，松开后，土壤不会凝成整团的土块，便是很好的壤土。大多数香草都喜欢壤土，但壤土的种类很多，从排水性较好的砂质壤土到保水性很好的黏性壤土都有。对于迷迭香这类的地中海香草而言，尤其喜欢排水性好又富含养分的砂质壤土。

黏土（弱酸性）：紧握一把潮湿的土壤，松开后，土壤会黏在一起，这样的土就是黏土。这类土肥力十足，但因黏性过重，当天气干燥时容易结块。对迷迭香的根系而言可谓致命。如果碰到这种土壤，在翻地时需要加入珍珠岩、蛭石、陶粒或粗砂砾，以改良土壤的透气性。

白垩土（碱性）：这种土在我国西南地区、江西等地都有发现，笔者曾在福建省三明市大田县的一个旧矿区见到。它是一种土状石灰岩，质地很轻，排水性很好，但因为碱性太强且不易改变酸碱度，对迷迭香而言是不适合的。

3.光照

迷迭香是全日照植物，所以无论室内还是室外栽培，充足的光照必不可少。笔者曾尝试过在建筑物西北面的庭院中一块半日照的地方露天栽培迷迭香，乍一看对它似乎没有太大影响，甚至它的叶片会更长、更宽，节间也会更长，但事实上它的香气随着光照的减少而逐渐减弱，它的精油含量也和光照时间成正比。所以，除非仅仅把迷迭香当作观赏性盆栽，且偏爱高瘦稀松的株型；抑或只追求迷迭香叶的产量而对它的香味和精油含量无甚追求，否则宜尽量保证迷迭香全天都能晒到太阳。

四、定植和收获

我国尚未将迷迭香列入药食同源名录，但在欧洲、美洲、大洋洲及东南亚地区，迷迭香早已是耳熟能详的常规食用香料。同时，迷迭香还是芳香疗法中很重要的一味挥发油来源植物，也是优良的蜜源植物。种植过程中，尽量远离化学合成药剂，做到有机种植至关重要。下文将详尽介绍迷迭香栽培管理需要的条件。

1.定植

盆栽

当发现迷迭香苗的根已经从穴盘的底部伸出来时，表示移栽定植时机已成熟。若想做盆栽种植，前文（参见第13页"6.基质"）已提供了盆栽迷迭香基质的参考配方。

左手轻轻挤压穴盘或小黑方的盆肚几次，让土球脱离器皿的内壁；右手捏住茎秆贴近土面的基部，左手轻轻捏住培养器皿，即可轻松取出一棵完整的种苗。

基质一旦吸足水分，能保持很好的湿润度，但是因为透气透水性太强，盆土全干燥的状态下，如果从上面浇水，水分会快速通过整盆土壤从盆底的小洞流失。如此，仅有表层土壤湿润，内部全是干燥的，不利于移栽苗根部的供水。为避免此情况，可在搅拌基质时如和面一样少量多次加入水分。

定植后用浇花水壶或花洒水枪从植株的基部浇水，尽量保持叶片干燥。

扫码观看"迷迭香移栽定植技巧"

盆底可先铺设一层陶粒或小石子。用小铁铲将配好的基质装进花盆，仅装到花盆2/3的高度即可，不要为了多装一些基质而故意按压或拍打盆土，一定要保持基质中有足够的空气。将迷迭香苗放在花盆中心，用手轻轻扶住。

用小铁铲将剩余基质装填进花盆，直到填满花盆为止。为保证花盆中有足够的空气，请不要按压土面，将花盆在坚硬的地面轻叩几下即可。

地栽

当迷迭香被当作提取精油、迷迭香酸及其他物质的原材料被大面积种植时，地栽显然比盆栽更经济。按照前文介绍的方法选择具有合适土壤的地块，整地做畦，每畦可种两排迷迭香。考虑到迷迭香是小灌木，株距不宜小于50厘米。

若迷迭香田排水不利，在闽南高温多雨的夏季，只要碰上连续2场大雨，之后的烈日就足以让迷迭香死亡过半。所以，在大面积露地栽培时，排水沟的畅通是首要保障。

2. 整地做畦

一切就绪之后，需着手为迷迭香准备合适的苗床。在整地做畦时，尽量做高畦，畦面1.2米、畦高40厘米、沟宽30 ~ 40厘米是比较合适的。将地布的边缘埋进土壤里，或用石头、地布钉等固定，可有效防止地布被强风吹起。

3. 浇水

虽然Rosemary Gladstar认为两次浇水的间隔期不宜让迷迭香的根系彻底干透，但这个度其实并不好掌握，因为迷迭香的根系同样不适宜泡水或长期处于潮湿状态。盆栽迷迭香只要盆底排水够好，在管理养护上还是比较简单的，发现基质的颜色变浅、叶片不再挺拔或用手掂盆感觉明显变轻，即可视为浇水的信号。切忌浇水太频繁，以避免滋生不必要的病虫害。

闽南地区气候潮湿，阳台上盆栽的迷迭香因为不需要天天浇水而常常被遗忘，冬季时节，即使半个多月未曾浇水以致叶片干瘦卷曲，只要接下来及时补充水分，新鲜的嫩芽便又萌发出来。若想种出美丽的盆栽，晴天时，风大可2 ~ 3天浇水一次，风小可5 ~ 7天浇水一次；碰到雨季，植株能淋到雨水的话，就从下次放晴开始计算天数。当然，这里说的是种在阳台或半露天条件下的迷迭香盆栽，若全露天种植，浇水的频率可以适当提高一点，但仍无须每天浇水；全室内种植的话，浇水次数还要减少。

露地栽培的迷迭香浇水更加粗放，春、秋两季连续放晴3 ~ 5天浇水一次，夏季连续放晴2 ~ 3天浇水一次，冬季连续放晴5 ~ 7天浇水一次即可，若遇到下雨天，应从下次放晴开始计算天数。

4. 施肥

迷迭香对土壤的肥力有一定要求，肥沃的土壤能让植株更茁壮、香气更浓、产油量更高。每月喷施一次海藻叶面肥，每季度在植株基部的土表施一次海藻缓释肥，可让迷迭香茁壮成长。

5.移栽

移栽适合在秋末进行，并修剪掉冠幅的1/3以降低蒸腾代谢，保障成活率。虽然威廉·登恩提到迷迭香不喜欢被移植，一旦定植就不要再动它。但因种种原因，园子里的迷迭香往往一两年就不得不移动一次。当迫不得已移栽时，只要在凉爽的季节（亚热带及热带地区可以选在冬天）进行移栽，挖掘植株根系的时候尽量保持土球完整无破损，土球挖掘出来后，先用美植袋原地假植至植株成活，再移栽到所需地块。重新定植后及时补充水分和肥料，迷迭香的移栽成活率还是很高的。

6.修剪和采收

全年都可从常绿的迷迭香植株上采摘新鲜的叶子使用。如仅要求精油的产量，则早春刚现蕾时精油含量最高；如想要追求精油的品质，则在盛花期同时采收花和叶片，精油成分最全面。一年可采收三次，采收时搭配整形修剪，从侧芽的稍上方开始收获。

作为多年生植物，迷迭香长叶子的速度很慢，所以任何一次采收都不要多于植物1/3的叶片，否则会影响它的光合作用；如果一次性收获了全部叶片，即使留下枝条也不会再长出新叶，极容易导致全株死亡。

春末花期后注意及时剪除枯萎的枝条，否则易感染顶枯病，处理不当便会全株死亡。如果发生顶枯病，须及时将枝干砍下烧掉，烧过的草木灰作为有机肥直接回田。需要注意的是，燃烧草木灰的过程请不要对环境造成负担，尽量选择有气体净化系统的安全焚烧场所进行燃烧。

扫码观看"迷迭香的修剪和采收"

摄于葵汐（福建）生物科技有限公司迷迭香种植基地

五、栽培过程中常见问题的应对之策

迷迭香是抗病虫能力很强的一种香草，田间管理非常省心。但因惧怕积水和潮湿的环境，需要注意防止根腐病、灰霉病和白粉病。

长势不良

干旱

症状表现 常出现在春、秋两季生长旺盛时期，从枝条上部的成熟叶尖开始泛黄，逐渐向下延伸，若置之不理，就会从叶尖开始逐渐干枯。

原　因 在迷迭香生长旺盛时期，若得不到充分的水肥供给，就会出现这种情况。

防治措施 及时补充水分，追施一次基肥，可有效缓解。若顾及影响美观，可将黄叶摘除。

冻伤

症状表现 部分老叶会全叶变黄，甚至变红，但不影响新叶生长。

原　因 当日最低温低于10℃时，易出现这种情况。

防治措施 因精油的产生需要一定的温差，温差越大精油品质越好，所以若持续低温天气不超过1周，则无须特别处理，只需减少浇水次数，避免早晚浇水。若有景观上的需求，剪除伤叶即可，但低温时期应严格控制修剪量，保留尽量多的叶片。若遇持续低温天气，应为迷迭香搭建简易大棚保温，至气温回暖再撤去薄膜，促进空气流通。

根腐病

症状表现 迷迭香发生频率较高的一类病害。典型症状是茎秆基部变黑甚至生有青苔，整体长势变弱；从基部的叶片开始发黄、变黑，向上蔓延至全株死亡。

致病原因 露地栽培遇连续降雨的天气，田间出现内涝、积水，或浇水过于频繁、空气湿度过大时，容易导致迷迭香根腐病的发生。

防治措施 及时疏通积水，改变过于频繁的浇水策略，延长两次浇水的间隔时长。修剪病部枝条并集中烧毁。因迷迭香的挥发物具有杀菌性，一般这样处理之后病症会逐渐好转。若一段时间未见好转，可用普力克搭配扑海因，或其他低毒、低残留的杀菌剂进行防治。

灰霉病

症状表现 春、秋两季在温室大棚或其他高湿场所有见发生。典型症状是叶片和茎秆初期出现灰白色水渍状病斑，空气湿度太大时，病部会包裹一层毛茸茸的灰霉。

致病原因 栽培基质灭菌不彻底，温室湿度太大时，容易出现灰霉病。

防治措施 及时降低栽培环境的空气湿度，修剪病部枝条并集中烧毁。因迷迭香的挥发物具有杀菌性，一般这样处理之后病症会逐渐好转。若一段时间未见好转，可施用腐霉利或其他低毒杀菌剂进行防治。

病　害

虫　害

| 白粉病 | 红蜘蛛 |

症状表现 初春、秋末在温室大棚或其他高湿场所有见发生。发病初期，在叶片上出现白粉状小霉斑，后扩大连片，严重时可密被全株；发病后期，在白色霉斑中会出现黄色、褐色或黑色小颗粒物。

致病原因 病菌的子囊孢子会随风飞散，栽培基质灭菌不彻底，周围空气湿度太大时，容易出现白粉病。

防治措施 及时降低栽培环境的空气湿度，修剪病部枝条并集中烧毁。一般这样处理之后病症会逐渐好转。若一段时间未见好转，可施用嘧菌酯、戊唑醇或其他低毒杀菌剂进行防治。

症状表现 叶片会被蜘蛛丝缠绕成团，致变黑枯萎；严重时整株会被蜘蛛丝紧紧缠绕至死。

致病原因 春末夏初，南方进入高温多雨的季节，迷迭香长势变弱，无论是在温室大棚还是田间都容易滋生红蜘蛛。

防治措施 可以在初春梅雨季节到来前选择晴朗的天气，在田间投放捕食螨进行生物防治，此举不仅安全，而且效果显著。也可施用螺螨酯等低毒低残留的除螨剂进行防治，但需注意，除螨剂对红蜘蛛的天敌捕食螨同样具有毒杀作用，二者不可同时施用。

Part 2
爱上迷迭香饮食

- 调味料系列
- 轻食系列
- 主食系列
- 甜品系列
- 茶饮系列

迷迭香的香气富有层次，初闻是明显的生姜味，这也是其"生姜草"这个名字的由来；细品之下，能闻到一点胡椒隐藏在松树林的气息，不经意间还能感受到一些松脂散发出的松香。那略带刺激的清爽香气使人如置身森林之中，在消除肉类和鱼类异味的同时，赋予菜肴相当高级的口感。

在法国南部和意大利，迷迭香和鼠尾草、百里香并称为厨房三大香草。不同于鼠尾草和百里香有季节性的问题，迷迭香全年都可采收，这也使其成为法式料理中不可或缺的一部分。

迷迭香的味道非常特别且持久，即使炖很长时间，都不会消散，或被其他味道掩盖，所以在添加的时候用量要严格掌握。将迷迭香小枝不做任何处理直接用在烤肉、黄油面拖鱼和炒菜中就能发挥它独特的风味；将叶片切碎之后混入食材，亦能增加食物的层次感。地中海菜肴中，常见用迷迭香搭配橄榄油炒过的蔬菜；意大利料理中，迷迭香配小牛肉是非常受欢迎的菜品；烧烤时，用扎成一捆的迷迭香充当酱料刷还可以增添烤肉的鲜美。

制作面点时，无论是饼干、蛋糕或面包等，只要添入一点点迷迭香，就能烹饪出与众不同的美味。

灵活利用迷迭香独特的香气制作香草油或香草醋等，又或者简单地用于制作色拉调料，这些都是迷迭香在欧美的固定用法。此外，虽然香气浓烈，但用它制作香草茶的话，会意外获得清雅的口感。

用自家阳台上栽种的迷迭香制作一桌独特的佳肴，再配上风味独特的迷迭香饮品和甜品，算不算一个惬意的周末呢？

下列菜谱中食材的用量可能涉及"适量"。初学烹饪看食谱时最讨厌看到"适量"二字，但是每个人口感"轻重"不同，实在众口难调，想来这个只能靠各位在多次实践中自行掌握啦。

调味料系列

普罗旺斯风味调味粉（难易程度：★）

这款配方传统上使用干燥香草切碎，但也可以使用手边的新鲜香草切碎。多用于文火煨肉或炖肉时，如果搭配红葡萄酒酱汁则风味更佳；此外，也适于用来炖番茄土豆。

配料

百里香叶	……	3汤匙
薄荷叶	……	1汤匙
马郁兰叶	……	2汤匙
薰衣草花苞	……	1茶匙
迷迭香叶	……	1茶匙

黑椒调味粉（难易程度：★）

这款配方适合用来炖土豆，当作烤鸡的填料或制作冬令时的汤品。配方中用到的都是干燥香草，先将前面三种香草切碎后，再与"后加"的香草粉混合即可。

配料

迷迭香叶	……	1汤匙
马郁兰叶	……	1汤匙
百里香叶	……	1汤匙
桂皮粉	……	1汤匙（后加）
黑胡椒粉	……	1汤匙（后加）

地中海风味调味粉（难易程度：★☆）

这款配方适用于腌制羊肉、鸡肉或猪肉。

配方

大蒜 …………………… 1瓣

法国百里香叶 ……… 2～3枝10厘米枝条的分量

薰衣草叶 …………… 3～4枝10厘米枝条的分量

迷迭香叶 …………… 3～4枝10厘米枝条的分量

黑胡椒碎 ………… 1茶匙

橘汁 …………………… 2个

柠檬汁 ……………… 1个

红葡萄酒酱汁（难易程度：★☆）

这款酱汁可以用来烹饪大块牛肉、鹿肉和兔肉。

配方

红酒 ………………… 1/2瓶

迷迭香嫩枝 ………… 1枝

橄榄油/葵花籽油 …… 2汤匙

百里香嫩枝 ………… 2枝

洋葱 ………………… 1颗（切薄片）

黑胡椒粒 …………… 8粒（压碎）

芹菜茎 ……………… 1根

甜胡椒 ……………… 4粒

月桂叶 ……………… 2片

迷迭香油／醋／酒（难易程度：★☆）

（总耗时2～3周）

用迷迭香浸泡的油/醋/酒是意大利厨师的必需品，如果想烹饪正宗的意式料理，此类调味品必不可少。

材料（250毫升的用量）

新鲜迷迭香茎叶 ………………… 3～4枝10厘米枝条的分量

橄榄油/果醋/白葡萄酒 …………250毫升

主要工具

250毫升、可密封的玻璃容器 ………1个（金属盖易被酸腐蚀，浸泡迷迭香醋时应尽量避免使用）

制作方法

1 玻璃容器用热水煮沸消毒后，晾干待用（也可以洗净晾干后，放入消毒柜高温消毒）。

2 将迷迭香洗净，用厨房纸巾擦干，或挂起晾干。

3 将迷迭香枝条放入容器中，加入橄榄油/果醋/白葡萄酒，容器的器形要确保液体能漫过迷迭香。

4 盖紧瓶盖，将玻璃容器放在室内可以晒到阳光的地方2～3周后取出迷迭香即可。浸泡期间时常晃动一下容器，风味更佳。

室温避光干燥处可保存6个月。

迷迭香糖浆（制作难度：★★）

（总耗时约1小时）

作为香草糖浆的一种，迷迭香糖浆无论在泡沫茶、鸡尾酒、咖啡还是风味饮料中都常被用到，因它独有的森系香气和提神醒脑的功效而广受欢迎。

材料

10厘米的新鲜迷迭香枝条	3枝
水	250毫升
糖	80克/5汤匙
迷迭香精油	1滴

主要工具

小奶锅	1个
耐热刮刀	1把
量杯	1个
量勺	1把

扫码观看"迷迭香糖浆"制作过程

制作方法

1 将迷迭香洗净晾干，剪/切成小段放入锅中，加入250毫升水，盖上锅盖，大火烧开后小火煮10分钟。

2 滤除迷迭香枝叶，加入砂糖，大火烧开，中火熬煮约3分钟；为使糖浆受热均匀，需用耐热刮刀缓慢搅拌。

3 至液面出现丰富泡沫且能闻到焦糖味，再转小火煮至适当黏稠即可。

4 糖浆放凉之后黏稠度会增加，所以熬煮的时候只需要略有黏稠感即可关火。初学者可备一碗清水，将糖浆滴到水中，出现如蜂蜜入水般的质地即可。

5 待糖浆稍微冷却，滴入1滴迷迭香精油，搅拌均匀即可装瓶备用（精油必须使用水蒸气蒸馏提取获得的纯精油，如无法确认手边的精油是否纯正，可不添加）。

轻食系列

西兰花沙拉（制作难度：★☆）

（总耗时约20分钟）

西兰花富含维生素和萝卜硫素，可以有效提高身体免疫力；迷迭香可促进血液循环、增强记忆力。这款沙拉很适合有素食计划的人食用，可有效补充所需营养，增强体力。

材料（1～2人份的用量）

西兰花 …………………………… 1整颗

牛油果 …………………………… 1粒

蒜头 ……………………………… 1瓣

柠檬 ……………………………… 半个

新鲜迷迭香叶（或干燥迷迭香叶）…… 3枝10厘米枝
条的分量（或1汤匙）

盐 ………………………………… 适量

现磨黑胡椒粉 …………………… 适量

黑橄榄 …………………………… 16颗

冷开水 …………………………… 5汤匙/75毫升

制作方法

1 蒸锅坐沸水，将西兰花切成均匀的小朵，放入蒸锅小火蒸10分钟。

2 蒸煮西兰花时，可将迷迭香叶切碎，柠檬榨汁，牛油果去核去皮，蒜头去皮备用。

3 将牛油果果肉、大蒜、柠檬汁、盐、黑胡椒粉和冷开水一起放入小型料理机，搅打成浆。

4 西兰花装盘，撒上迷迭香碎，用黑橄榄装饰即可。

步骤3制备的牛油果酱质地黏稠，用西兰花蘸取食用比直接淋在西兰花表面要方便一些。

迷迭香烤土豆泥（难易程度：★ ★）

（总耗时约1.25小时）

迷迭香和块根、块茎类的蔬菜很搭。这款食物表面看起来平平无奇，内里却另有乾坤。

材料（1 ~ 2人份的用量）

土豆 …………… 2个

咸鸭蛋 ………… 2个（或真空包装的咸蛋黄）

新鲜迷迭香叶 … 3枝10厘米枝条的分量

胡萝卜 ………… 1小段

洋葱 …………… 1/8个

白胡椒粉 ……… 适量（现磨）

盐 ……………… 适量

冷开水 ………… 60毫升

主要工具

蒸锅 …………… 1口（也可用汤锅+蒸笼的组合）

烤箱 …………… 1个

料理机 ………… 1台

制作方法

1 将土豆洗净，对半切开，带皮在锅中蒸约30分钟。用筷子检视土豆是否熟透，若筷子插下有阻力，需要延长蒸的时间，至筷子可轻松插透土豆为准。

2 将蒸好的土豆稍微晾凉，其间可将胡萝卜去皮，和洋葱一起切丁；取2枝迷迭香，撸下叶片；用不锈钢汤勺小心挖出土豆的内部，注意不要破坏土豆的表皮。将挖出的土豆与胡萝卜丁、洋葱丁、迷迭香、咸蛋黄、胡椒粉、盐和冷开水一起加入料理机，打成泥状。

3 烤箱150℃预热；用汤勺将土豆泥填回土豆皮中，上下火烘烤10分钟，至土豆泥的表面微微隆起。

4 用牙签在隆起的表面轻扎几个小孔，再次送入烤箱150℃上下火烘烤10分钟。从余下的1枝迷迭香上摘取4个小短枝，插在土豆泥的中央做装饰即可。

香草意面（难易程度：★★）

（总耗时约15分钟）

这道面食所用的香草均为新鲜香草，黑胡椒粉最好是现磨的。出来的口感非常清爽，即使在炎热的夏天也会让人食欲倍增。

材料（4人份的用量）

甜罗勒叶 ················· 7克

平叶欧芹 ················· 6枝

马郁兰 ··················· 3枝

10厘米的迷迭香枝条 ··· 1枝

橄榄油 ··················· 1/3量杯（或80毫升）

新鲜意面 ··············· 600克（或干燥意面400克）

黑胡椒粉 ················· 适量

盐 ······················· 适量

制作方法

1 沸水中放少许盐，放入意面并煮熟。捞起意面沥干水分，置入冰水中冷却，再次沥干水分，装盘备用。

2 将马郁兰和迷迭香的叶片捋下，去除枝秆，和甜罗勒、欧芹混匀切碎备用。

3 平底锅中倒入橄榄油，加热至温热（手掌置于油面上方约15厘米处能感觉到热气），倒入香草碎，加入盐和黑胡椒粉，翻拌均匀，收火出锅。

4 将香草酱淋在意面上，翻拌均匀即可。

迷迭香煎羊排（难易程度：★☆）

（总耗时约30分钟）

迷迭香和羔羊肉是天生的绝配。迷迭香的香气和羔羊肉的膻气会发生很奇妙的"化学反应"，变成一种无与伦比的美味。

材料（2人份的用量）

羊羔排骨	4肋
大蒜	1瓣
橄榄油	30毫升
咖喱粉	1茶匙
食盐	适量
黑胡椒粉	适量
迷迭香叶	1枝10厘米枝条的分量
10厘米的新鲜迷迭香枝条	1枝（装饰用）

主要工具

煎锅	1口
量勺/量杯	1个

扫码观看"迷迭香煎羊排"制作过程

制作方法

1 将大蒜拍碎切成蒜蓉，取1段迷迭香叶切碎。

2 将蒜蓉和迷迭香碎混匀，加入橄榄油、咖喱粉、食盐和黑胡椒粉，搅拌均匀。

3 将步骤2的混合物均匀地涂抹在羊排表面，腌制15分钟。

4 煎锅大火加热，将羊排放入锅中，待两面煎至变色，转中小火两面煎熟。

5 装盘，用新鲜迷迭香装饰即可。

迷迭香烤鸡排（难易程度：★★）

（总耗时约35分钟）

说是"烤"鸡，用到的其实是煎锅，食材也是日常超市就能买到的材料，是一款容易上手的料理。

材料（2人份的用量）

鸡胸肉 …………………… 2 片

细盐 ……………………… 适量

黑胡椒粉 ………………… 适量（需现磨）

10厘米的新鲜迷迭香枝条 … 3 枝

蒜头 ……………………… 1 瓣

橄榄油 …………………… 1/4量杯（或60毫升）

柠檬 ……………………… 半个

10厘米的新鲜迷迭香枝叶 … 2枝（装饰用）

主要工具

煎锅 ……………………… 1 口

量杯 ……………………… 1 个

制作方法

1 鸡胸肉较厚，肉质容易发柴，腌制前先横刀片薄，将鸡排一分为二，在片开面开十字刀花。

2 取3枝迷迭香，一手捏住叶尖，另一手的拇指和食指稍稍用力就可将整枝的迷迭香叶撸下；收集迷迭香叶，大蒜切片，再和迷迭香叶混匀切碎备用。

3 将蒜蓉和迷迭香碎均匀地洒在鸡胸肉两面，再均匀地撒上黑椒粉和细盐，腌制20分钟。

4 煎锅大火加热，倒入橄榄油，将鸡胸肉有开刀花的一面朝下放入，大火煎至变色，转中火煎至金黄（煎的过程中可用牛排夹不时夹起一角检视）；翻面，用中大火煎至变色。

5 装盘，用新鲜迷迭香和柠檬装饰即可。

吃的时候淋一点儿柠檬汁在鸡排上，味道更清爽一些。

扫码观看"迷迭香烤鸡排"制作过程

迷迭香手撕吐司（难易程度：★★★）

（总耗时约6小时）

这是一款入门级的吐司面包，口感非常松软。

材料（一个450克吐司模的用量）

细砂糖 ……………………	60克
无盐黄油 …………………	25克
水 …………………………	155毫升
高筋面粉 …………………	250克
细盐 ………………………	3克
酵母 ………………………	3克
全脂奶粉 …………………	10克
10厘米的新鲜迷迭香枝条 …	2枝

主要工具

吐司模 ……………………	1片
厨师机 ……………………	1台
烤箱 ………………………	1台
探针温度计………………	1支
电子秤 ……………………	1个
刮板 ………………………	1片
刮刀 ………………………	1把

扫码观看"迷迭香手撕吐司"制作过程

制作方法

1 取出搅面缸，将面粉、细砂糖、盐和奶粉依次加入缸中，用刮刀翻拌均匀。将酵母均匀地撒在表面。

2 将搅面缸装回厨师机，开低速挡将面粉搅拌均匀，过程中缓慢加入155毫升水，搅打2～5分钟，以面团不沾盆底为宜。

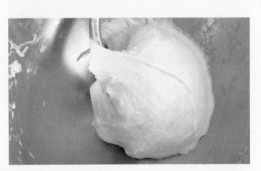

3 用刮板将搅面缸内壁不均匀的粉团刮到面团上，厨师机开中高速挡（以搅面钩可以将面团甩出且面团不会一直沾在盆底的速度为宜）摔打6～10分钟，至面团变光滑为宜。

4 在此基础上，继续开动厨师机中高速挡摔打面团10～15分钟，至面团变软、具有延展性即可。在此过程中，将迷迭香叶择下，去除枝秆，将叶片切碎备用。

5 将面团取出，将黄油和迷迭香粉放入搅面缸，用刮刀拌匀。开厨师机低速挡进行搅打，搅打的过程中用刮板将面团分割成小块加入搅面缸中。

6 如此搅打6 ～ 10分钟，至面团再次被搅打成一个整体为止（搅打过程中，可以根据实际情况，暂停厨师机数次，把被甩到旁边的面块刮回缸底）。

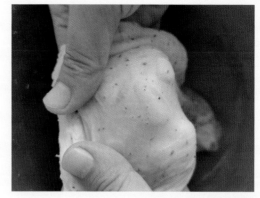

7 用刮板将搅面缸内壁不均匀的小粉团刮回面团，厨师机改中高速挡摔打面团6 ～ 10分钟，至面团再次变光滑、变软为止（可用双手轻轻撑开面团，以出现均匀透光的"手套膜"为刚刚好的状态）。

8 在大盆内壁抹上薄薄的玉米油（可用厨房纸涂抹，或用玉米油喷雾）。将面团像蘑菇盖一样团圆，放入盆中；将电子温度计的探针插入面团中测试面团的温度：若面温为26 ～ 28℃，则需发酵1小时；若高于28℃，发酵时间应缩短；若高于30℃，应将面团冷藏15分钟降温后，再进行发酵；若面温低于26℃，则需要延长发酵时间。

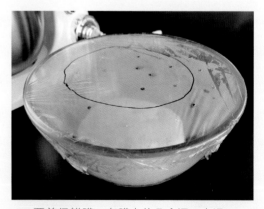

9 覆盖保鲜膜，在膜上扎几个洞，室温26 ～ 28℃放置1小时左右进行第一次发酵，至原有体积1.5 ～ 2.0倍大即可（可在保鲜膜上用记号笔圈出原面团大小进行参考）。

10 取出面团，用刮板将面团平均分成3份（可用电子秤辅助，为保证受热均匀，应尽量平均分配）。

11 分别团圆，置于揉面垫上，覆盖保鲜袋（注意不可以用保鲜膜）松弛15分钟。

12 取出其中1个面团，表面轻拍一层薄薄的面粉，用擀面杖擀成近长方形；用手分别将面皮边缘的大气泡轻轻拍掉（只有排出面皮边缘的气泡，才能让最终成形的吐司侧面更平整均匀）。

13 将面皮翻面，自上往下卷起，至底边将边缘捏紧，放入吐司模中（卷的时候双手均匀用力，保持面卷的两侧平整，不"吐舌"）。

14 剩余的2个面团均按步骤12、13的方法依次放入吐司模，放入烤箱中层约1小时进行第二次发酵，在烤箱下层放一碗热水辅助发酵（放面团的时候，需注意保持卷皮的方向一致，这样最终成型的吐司纹理才会统一）。

15 至面团膨胀到模具5～8分满即可。取出模具和水盆，烤箱200℃上下火预热10分钟。

16 将面团置于烤箱下层200℃上下火烘烤35～40分钟（使用小于50升的烤箱时，建议盖上吐司盒的盖子，以免面团膨胀太高顶到上发热管）。

17 取出面包后，连同模具在桌面上摔震一下，再将吐司倒置于晾架上至完全冷却即可食用（趁热吃，如果口感偏酸属于正常现象，放凉之后酸味就会消失）。

18 这个方法做出来的手撕面包组织均匀，包体柔软，用手撕开能有很好的"拉丝"感，作为第二天的早餐，美味、健康又营养。常温下可放置3天时间。

需要注意的是，制作面包的室温最好介于26～28℃；如果室温过高，建议开空调并使用冰水。

柠檬／橙&迷迭香杯子蛋糕（难易程度：★★）

（总耗时约1小时）

这是一款有着水果和迷迭香香味的香草蛋糕，口感甜酸清爽，非常适合夏天的下午茶时间。柠檬口感清爽，香橙口感甜美。二者选其一，和迷迭香都是很完美的搭配。

材料（可装12个口径5厘米的杯子）

细砂糖 ·························· 100克

无盐黄油 ······················ 50克

蛋 ····························· 4个

低筋面粉 ······················ 100克

细盐 ··························· 1克

柠檬／橙 ······················ 1个（根据个人口味二选一，需挑选无农残、无蜡膜的绿色水果）

10厘米的新鲜迷迭香枝条 ··· 2枝

主要工具

刨丝板 ·········· 1片		汤锅 ·········· 1口	
打蛋盆 ·········· 1个		面粉筛 ·········· 1个	
电动打蛋器 ······· 1个		电子秤 ·········· 1个	
烤箱 ············ 1台		手动打蛋器 ······· 1个	
电磁炉 ·········· 1台		刮刀 ············ 1把	

扫码观看"柠檬／橙&迷迭香杯子蛋糕"制作过程

制作方法

1 用小孔的刨丝板轻轻将柠檬/橙表皮黄色的部分刨下来备用（果皮的白色部分会苦，小心不要刨到）。刨过皮的柠檬/橙榨汁，用电子秤称取15克备用；迷迭香捋下叶片、去除枝秆，将迷迭香叶切碎备用。

2 无盐黄油隔水融化备用。烤箱上下火170℃预热。

3 2个全蛋和2个蛋黄打入打蛋盆，剩余的2个蛋白可以用来制作其他料理（不会用蛋壳分蛋的朋友可以在超市或电商平台购买分蛋器）。

4 电动打蛋器开最低速挡，把蛋液完全打散。

5 将糖和盐全部加入蛋液中，用电动打蛋器高速搅打。

6 打至蛋液发白，表面出现很多不均匀的气泡，提起打蛋器时滴落的蛋液痕迹会快速消失，以此判断蛋液已初步成型。此时，将打蛋器调至低速挡再搅打几圈，以消除蛋液中的大气泡。

7 在蛋液中加入迷迭香碎、柠檬/橙的皮屑和15克果汁，改用手动打蛋器快速混匀（柠檬汁的加入会导致蛋液消泡，所以搅打必须快速，充分混匀即可）。

8 低筋面粉过筛加入蛋液中，继续用手动打蛋器快速混匀至无干粉的状态。

9 加入黄油，同样用手动打蛋器快速混匀。盆壁不均匀的地方可以用刮刀刮回蛋糊中再继续混匀。

10 将蛋糕装入纸杯，每一杯都仅需装到8分满即可（若将蛋糊装入裱花袋，会更易操控）。

11 170℃上下火烤20～25分钟，至表面呈金黄色就可出炉（不同型号的烤箱烘烤时间存在差异，以蛋糕表面颜色来判断较为准确。不确定时，可以用一根牙签插进蛋糕再拔出，不带糊的程度即可）。在晾架上将杯子蛋糕彻底晾凉。

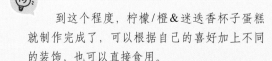

　　到这个程度，柠檬/橙&迷迭香杯子蛋糕就制作完成了，可以根据自己的喜好加上不同的装饰，也可以直接食用。

香草淋面蛋糕（难易程度：★★★★）

（总耗时约 4 小时）

这款蛋糕以迷迭香风味的戚风蛋糕为底，装饰上马鞭草味的淋面和晶莹剔透的柠檬草冻，可以为周末下午的闺蜜聚会增色不少。

材料（6寸蛋糕的用量）

迷迭香蛋糕胚配方

纯牛奶	55 克
细砂糖	55 克
玉米油	30 克
蛋	3 个
低筋面粉	55 克
10厘米的新鲜迷迭香枝条	1 枝

柠檬草冻配方

水	180 毫升
寒天粉	7 克
细砂糖	36 克
鲜柠檬香茅叶	1 根 /2 克

马鞭草酱配方

纯牛奶	150 克
鸡蛋	1 个
玉米粉	10 克
10厘米的新鲜柠檬马鞭草枝条	1 枝
细砂糖	5 克

淋面配方

淡奶油	50 克 (打发用)
淡奶油	50 克 (调整用)
细砂糖	5 克

主要工具

迷你球形冰格	1 片
6寸中空活底蛋糕模具	1 个
打蛋盆	1 个
面粉筛	1 个
电动打蛋器	1 个
手动打蛋器	1 个
烤箱	1 台
炉具	1 台
奶锅	1 口
电子秤	1 个
耐热刮刀	1 把

扫码观看"香草淋面蛋糕"制作过程

制作方法

淋面配方中的淡奶油（推荐使用稀奶油，若无，则普通淡奶油也可以）分别称量好，盆面覆盖保鲜膜，放入冰箱中冷藏备用。

1 迷迭香捋下叶片、去除枝秆。将迷迭香叶切碎（若不希望迷迭香的味道过于浓郁，也可以不切碎直接使用原叶）加入牛奶中，小火慢热，用耐热刮刀缓慢搅拌至有热气冒出即可关火。

2 将奶锅从炉子上移开，盖上锅盖焖一会儿，让迷迭香奶自然冷却。烤箱上下火160℃预热。

3 3个蛋的蛋黄和蛋清全部分离分装，将玉米油倒入蛋黄中，轻微晃动一下，让玉米油可以包裹住蛋黄，放在一旁备用（不会用蛋壳分蛋的朋友可以在超市或电商平台购买分蛋器）。

4 电动打蛋器开高速挡将蛋清打至粗泡，加入约1/3的细砂糖。

5 高速挡将蛋液继续打至细泡、蛋液变白，加入剩余量1/2的细砂糖。

6 高速挡将蛋液继续打至出现痕迹，加入剩余的细砂糖。

7 中速挡将蛋液搅打成有光泽、纹路不消失的蛋白霜。

8 低速挡继续搅打蛋白霜几圈以消除不均匀的气泡。提起打蛋器，能带出小尖勾的状态表示蛋白霜已经搅打完成。将蛋白霜放到一旁备用（千万不要搅打过度，否则容易消泡）。

9 将步骤1～2制作的迷迭香奶过滤后加入步骤3中备好的蛋黄油中；用电动打蛋器最低速挡搅打蛋黄液，将蛋黄、油和迷迭香奶混合均匀。

10 将低筋面粉过筛加入蛋黄液中，用电动打蛋器最低速挡混合至无干粉即可（千万不要搅打过度，否则面粉容易起筋）。

11 用手动打蛋器将步骤8中备好的蛋白霜快速搅拌均匀。用刮刀舀一团蛋白霜，敲入蛋黄液中，翻拌均匀。

12 将翻拌好的蛋黄液倒入剩余的蛋白霜中，继续用刮刀翻拌均匀。

13 将蛋奶糊装入裱花袋，再挤入蛋糕模具中，震动排气。

14 将模具送入步骤2中预热的烤箱中层，上下火160℃烘烤35～40分钟。取出，倒扣在晾架上约2个小时，至完全冷却方可脱模。

1 在蛋糕晾凉期间，将柠檬香茅叶切小段，和清水同时加入奶锅中，小火慢热至水烧开，关火焖5分钟。

2 去除柠檬香茅叶，加入寒天粉和细砂糖，中火加热至完全沸腾（加热过程中要用耐热刮刀不断搅拌）。

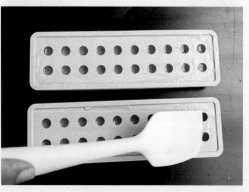

3 趁热将寒天水倒入球形模具中，用刮刀抹平；多余的部分可以回锅加热后再次入模。将模具放入冰箱冷藏半小时以上备用。

马鞭草酱部分

1 在柠檬草冻凝固期间，将柠檬马鞭草和牛奶同时加入奶锅中，小火慢热至奶微开。将奶锅移到旁边盖上锅盖焖制备用。

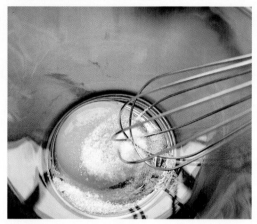

2 将蛋黄和蛋清分离。将细砂糖加入蛋黄中，用手动打蛋器混匀（剩余的蛋清可制作成其他糕点）。

3 将玉米淀粉加入步骤2的蛋黄液中，继续用打蛋器混匀。

4 将步骤1中的马鞭草重新用小火加热至冒热气，去除马鞭草枝叶，分3～4次缓慢倒入蛋糊中，一边倒一边用打蛋器快速搅拌。

5 将液体过筛倒回奶锅，小火加热至酱体冒热气、搅打出现纹路就要停止加热（加热的过程中要用打蛋器不停地搅拌）。

6 停止加热后，要继续用打蛋器快速搅拌酱体，至酱体均匀、细腻、无结块为止。

7 用保鲜膜覆盖酱体表面，以防止结皮，将做好的马鞭草酱放入冰箱冷藏备用。

淋面部分

1 将迷迭香蛋糕脱模，置于蛋糕碟上（中空模具比较不易脱模，本节所配视频中有蛋糕成功脱模的样子。如图中所示，若新手脱模后蛋糕底面不平，用刮刀大致切平即可，淋面时会进行最后的装饰，无需太过介意）。

2 将柠檬草冻从冰箱取出、脱模备用。

3 从冰箱中取出淡奶油（打发用），加入细砂糖，电动打蛋器低速挡搅打至滴落纹路马上消失即可。

4 取出冷藏后的马鞭草酱，用电动打蛋器中高速挡搅打至顺滑、均匀。

5 将马鞭草酱倒入奶油中，电动打蛋器中速搅打均匀。

6 取出另一份奶油（调整用）加入搅打好的马鞭草酱中，用刮刀搅拌均匀，再用打蛋器低速搅打几圈，以增加淋面的流动性。

7 将做好的淋面酱和部分柠檬草冻填进蛋糕中间的空洞中；在蛋糕表面也淋满酱。

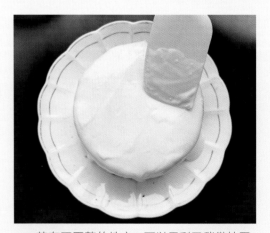

8 若有不平整的地方，可以用刮刀稍微抹平，让多余的酱自然滴落在蛋糕侧面。最后装饰上剩余的柠檬草冻和鲜马鞭草叶即可（图中所示是使用半分淋面酱所做出的"半包"效果，本书所配视频中有使用整份淋面酱做出的"全包"效果，制作者可根据自己的喜好灵活掌握）。

茶饮系列

香草茶饮（制作难度：★）

　　无论工作闲暇时分，还是周末的午后，花5分钟为自己冲泡一杯花草茶，总能让人放松心情。

主要工具

花茶壶 …………… 1个

茶杯 …………… 1个

茶滤 …………… 1个

（若茶壶中有过滤装置，可不用另配茶滤）

冲泡方法

1 将香草洗净，晾干水分，剪成小段放入花草茶壶中，注入沸水。

2 盖上盖子，闷3～5分钟（依照个人口味而定，但最长不宜超过5分钟，否则味道太过浓烈）。

3 待花茶完成，滤出茶水注入茶杯即可饮用。

若想饮用冰茶，可在冲泡时将沸水的用量减半，从而得到2倍浓度的香草茶。在茶杯中事先加入半杯冰块，再注入冲泡好的花草茶即可。

配方香草茶1

这款配方茶具有让人身心舒服的柠檬香气，在此之中混入迷迭香的味道，具有良好的振奋精神的作用。如果没有香蜂草，单配柠檬百里香也可以。

材料（1人份的用量）

柠檬香蜂草顶部嫩叶 ………… 2片

3厘米的迷迭香顶部茎叶 …… 1枝

5厘米的柠檬百里香茎叶 …… 1枝

（可依各人口味额外准备白砂糖、蜂蜜或甜叶菊、木糖醇等代糖品）

配方香草茶2

这款配方茶具有清凉的香气，因其清爽的口感，特别适宜在饭后饮用。

材料（1人份的用量）

胡椒薄荷顶部嫩叶 ………… 4片

5厘米的迷迭香顶部茎叶 …… 1枝（可依各人口味额外准备白砂糖、蜂蜜或甜叶菊、木糖醇等代糖品）

迷迭香气泡饮（制作难度：★）

夏季的午后来一杯迷迭香气泡饮，可以让昏昏欲睡的大脑瞬间振奋起来。

材料（1杯的用量）

苏打水 …………… 150毫升

迷迭香糖浆………… 20毫升/4茶匙

（制作方法参见本书第37～38页）

新鲜迷迭香茎叶 ····· 1枝10厘米长的枝条

冰块 ……………… 适量

主要工具

玻璃杯 ……………… 1个

1茶匙的量勺 ……… 1把

制作方法

1 在玻璃杯中加入冰块，倒入迷迭香糖浆。

2 注入苏打水，用新鲜迷迭香茎叶做装饰即可。

迷迭香咖啡拿铁（制作难度：★★）

咖啡+迷迭香的双倍提神功效，可带给人一个神清气爽的清晨。

材料（1人份的用量）

意大利浓缩咖啡（Espresso）…… 50毫升

牛奶 ……………………… 200毫升

迷迭香糖浆…………………… 15毫升/3茶匙

（制作方法参见本书第37～38页）

3厘米的迷迭香顶部茎叶………… 1枝

扫码观看"迷迭香咖啡拿铁"制作过程

主要工具

1茶匙的量勺	……………	1把
奶锅	……………	1口
炉具	……………	1台
奶泡杯	……………	1套

（有奶泡机的话，此项可免）

制作方法

1 制作约50毫升的Espresso咖啡，倒入咖啡杯中。

2 用量勺量取3茶匙（约15毫升）的迷迭香糖浆，加入步骤1的咖啡中。

3 牛奶中火加热至有少许热气冒出（约50℃），倒入奶泡杯，打出绵密的奶泡，用汤匙去除面上的粗泡沫以确保奶泡质地均匀。

4 将步骤3的奶和奶泡混合液倒入步骤2的混合咖啡中，用迷迭香茎叶装饰即可。

Part 3

迷迭香小物 DIY

- 简单手作
- Home SPA
- 精油皂
- 冷制皂

干燥迷迭香、迷迭香精油、迷迭香纯露和迷迭香酸，是目前迷迭香被应用到日用品中最常见的几种形态。因篇幅有限，本书中无法一一介绍，还是以日常使用的部分为主。

自然阴干、低温烘干、微波干燥和冻干都可以获得优质的干燥迷迭香。前三种干燥法无论生产上还是日常生活中都可以实现，下文将会详细介绍；但迷迭香冻干需要在冻干厂加工，虽然常规的冻干机就可以实现，但因无法在家庭中完成，本书中将不做详细介绍。

在芳香保健领域，唇形科植物最重要当属薰衣草，其次便是迷迭香。采用水蒸气蒸馏法蒸馏迷迭香的花和顶端叶片，可同时获得迷迭香精油和纯露。迷迭香茎叶中的挥发性物质被加热后随水蒸气挥发出来，经冷凝管冷却、收集，其中分子量较小、不溶于水的部分浮在上面，被称为"精油"，分子量较大、溶于水的部分沉在下面，被称为"纯露"。因季节、品种和产地不同，迷迭香的精油得率和精油成分都有差异；即使同一产地、同一品种的迷迭香，不同年份产出的精油成分也不尽相同。因此，即使是ISO国际标准，也很难用单一的数字来界定迷迭香精油的得率或其中某种成分的含量，而是规定一个合理范围。生产上提取精油、纯露的方法和家居提取的方法略有不同，将在后面的章节详细介绍。

迷迭香酸是从迷迭香中分离出来的一种天然酚酸类化合物，是目前国际上公认的既安全又高效的抗氧化剂，广泛应用于农产品、食品和日化产品的保鲜防腐，甚至应用到抗癌等医药领域。因其提取和纯化工艺复杂，现在工业上一般采用化学合成的方法获得。但国际市场上仍有一些大型企业，要求使用从干燥迷迭香中提取分离的迷迭香酸作为纯天然食品添加剂，而拒绝化学合成品。生产上有专业迷迭香酸的提取设备，本书中同样不做详细介绍。

简单手作

干燥迷迭香

虽然在食材中经常用到新鲜迷迭香，但干燥迷迭香的用途也非常广泛，包括香囊、香枕、香氛蜡烛、香皂、芳香SPA等。在无法获得新鲜迷迭香的地方，干燥迷迭香也是厨师们一个很好的选择。

材料

迷迭香茎叶……… 若干

自然干燥法（制作难度：★）

这是最传统的干燥法，这样干燥的迷迭香叶能保持很好的颜色，香味很清爽，营养成分全面；但因所需场所面积大、干燥时间长，目前仅在少数情况下使用。

主要工具

竹筛 ……………… 若干

晾架 ……………… 若干

制作方法

将收获的迷迭香叶片平铺在竹筛中，注意不要堆叠；将竹筛层层置于晾晒架上，摆放于阴凉、干燥、通风的场所至叶片彻底干燥即可。

要点是竹筛子不要直接接触地面，不能被阳光直射，要保持通风。此法干燥的迷迭香干叶可于避光、阴凉处保存6个月。

烘箱干燥法（制作难度：★）

这是目前生产上使用最多的干燥法，这样干燥的迷迭香香气最浓；只要控制好温度，可获得优质的迷迭香干品。

主要工具

可控温的烘箱 ┄┄┄ 1 台

不锈钢筛盘┄┄┄┄┄ 若干

玻璃密封瓶┄┄┄┄┄ 若干

制作方法

1　烘箱调40℃预热（烘箱的温度在37～43℃波动都是可以的）。

2　摆上迷迭香茎叶，烘至完全干燥即可（注意摆放时枝条不要堆叠）。

用手指轻瓣叶片，可轻易瓣碎视为完全干燥，或每隔一段时间取出称重一次，当重量不再减轻视为完全干燥。如此烘干的迷迭香放入玻璃瓶密封，于避光、阴凉处可至少保存1年左右。

微波干燥法（制作难度：★★）

这种方法可快速干燥迷迭香叶片，并可有效保存迷迭香天然的色泽和风味，但与烘干的迷迭香相比，香气稍欠且制作成本较高，仅适合家庭少量制作。

材料

迷迭香叶 ┄┄┄┄┄┄ 若干

厨房纸巾 ┄┄┄┄┄┄ 1 张

主要工具

微波炉／光波炉 ┄┄┄ 1 台

密封玻璃瓶┄┄┄┄┄ 1 个

制作方法

将新鲜的迷迭香叶片铺在厨房纸巾上（注意摆放时不要叠加），放入微波炉／光波炉加热3分钟即可。

如此制作的迷迭香干叶叶色鲜绿，香气清爽，泡水可恢复叶片的柔软。此法干燥的迷迭香放入密封玻璃瓶中，于避光、阴凉处可保存1年。

迷迭香香囊（制作难度：★）

迷迭香的香气具有提神醒脑、驱避蚊虫的功效。其中粉花迷迭香的挥发物中含有大量的桉叶油醇、樟烯和龙脑，抗菌的效果非常好，将用它制作的香囊放在衣橱里可以除虫防臭，随身携带也可提神醒脑、增强记忆力。

材料

干燥迷迭香叶 … 5克
山鸡椒精油……… 6滴
棉花 …………… 若干

主要工具

密封玻璃瓶……… 1个
香囊袋 ………… 1个

制作方法

1 将干燥的迷迭香放入密封玻璃瓶中，室内避光干燥处酝酿1个月。

2 将部分棉花装填进香囊的底部，再将酝酿过的干迷迭香装进香囊中加入精油，在靠近袋口的位置将剩余棉花填入，扎紧袋口即可。

家用除臭剂（制作难度：★）

迷迭香具有消毒、除虫的作用，把它和小苏打（即碳酸氢钠）混合，可做成安全有效的家用除臭剂，厕所、厨房、壁橱、鞋柜里都非常适用。

材料
干燥迷迭香叶 … 若干
小苏打 ………… 若干

主要工具
敞口小容器……… 1个

制作方法
将迷迭香和小苏打混合均匀，装入适当的容器即可。

此款除臭剂有效期约1个月；1个月后，当香气消散时，可把这款除臭剂当作去污粉清洁厨房水槽、燃气灶台都非常便利。

Home SPA

　　美容功效是国内多数人对精油的主要认知，近年，纯露的功效也逐渐被大家注意到。就迷迭香纯露而言，不仅具有醒肤、提拉、抗皱等功效，在类似干癣、湿疹、粉刺等方面的表现更为卓越。使用方法也比精油简单很多，无须稀释，直接湿敷或轻拍吸收即可，如果采用热敷或配合蒸脸，则效果更好。

　　说到迷迭香的传奇，就离不开"四贼醋"（一说为"七贼醋"）的传说：相传在14世纪黑死病盛行的年代，几个小偷因为每天用泡了芳香植物的果醋洗澡，可出入疫区行窃而畅行无阻。小偷落网后，法官以自由为条件，使配方大白于天下，才知道迷迭香是其中的主要原材料之一。迷迭香因此在欧洲声名大噪。除了前文提及的增强记忆力的功效，迷迭香强大的穿透力也使它成为治疗诸如普通感冒、鼻喉黏膜炎、鼻窦炎、气喘等呼吸系统疾病的良药。其中，马鞭草酮迷迭香精油对清除鼻喉黏膜阻塞的效果比其他化学型的迷迭香精油更为显著，刺激性更小，对情绪的影响也更小，适合晚上使用。无论哪一种化学型迷迭香精油，在治疗呼吸系统疾病时都建议采用蒸汽吸入法。

　　迷迭香精油可以调理心脏、肝脏和胆囊，还可以降低血胆固醇的浓度。当然，如同脱发的问题一样，有上述病痛者，切不要指望迷迭香一滴见效，良好的饮食和健康的生活习惯同样必不可少。

　　迷迭香精油也是优秀的止痛剂，用它来沐浴、冷热敷和按摩可有效缓解风湿痛和关节炎。对于常见于上班族的疲倦、僵硬和肌肉酸痛，也非常有效。针对舞者或运动员等运动量大的人员，热身前用迷迭香和薰衣草的复方精油，运动后用迷迭香和马郁兰的复方精油按摩，可有效缓解运动过度造成的肌肉酸痛。

　　必须注意的是，癫痫患者在使用迷迭香精油进行治疗时要慎之又慎！英国芳疗大师派翠西亚·戴维斯曾经在她的《芳香疗法大百科》中提及："虽然微量的迷迭香精油可以治疗癫痫，但一旦超量反而会诱发癫痫或引起中毒。"因为迷迭香精油有活血的功效，孕妇及高血压人群同样不建议使用。

值得一提的是，法系芳疗有涉及口服精油和纯露，其前提是法国的芳疗师都必须具备医师执照，有非常扎实的医学背景。鉴于我国对从业的芳香保健师医学背景并没有严格要求，笔者不建议口服精油或纯露。

迷迭香浸泡油（制作难度：★★）

不同于前一章提到的食用迷迭香油，因以外用为主，这款浸泡油的基础油采用皮肤吸收率更高且具有消炎作用的甜杏仁油（当然，使用橄榄油或山茶油等冷榨植物油也是可以的）。成品油不仅是良好的药油，还具有优秀的美容护肤功效。

材料（50毫升的用量）

干净、干燥的新鲜迷迭香茎叶⋯⋯⋯ 10克
甜杏仁油 ⋯⋯⋯⋯⋯⋯⋯⋯⋯⋯⋯ 50毫升

主要工具

50毫升的密封广口耐热玻璃瓶 ⋯⋯ 1个
剪刀 ⋯⋯⋯⋯⋯⋯⋯⋯⋯⋯⋯⋯ 1把
恒温水浴锅（或用小汤锅代替）⋯⋯ 1口

制作方法

1 将迷迭香茎叶修剪成3厘米长的小段。

2 将迷迭香段放入玻璃瓶中，加入甜杏仁油。

3 将水浴锅的水加热至80℃后，放入玻璃瓶（加热过程中油的液面会有所上升，所以不要盖盖子），水浴1小时取出。无水浴锅时，也可以用普通汤锅加水代替，但需注意，水浴用的水温不得超过90℃。

4 将玻璃瓶放在室内可晒到太阳的地方约2周时间，滤除枝叶，装入茶色密封瓶即可（晒之前，在瓶身贴上标签，注明使用的基础油和始晒时间，以便跟踪进度）。晾晒2周后，油色会变成棕褐色，这是正常现象，可放心使用。

如此制作的浸泡油请于室温、避光、干燥处保存，可当作精华油来使用。但因为混入植物油，保质期比蒸馏获得的精油短很多，仅有2～3个月时间，当颜色或味道发生变化时，要停止使用。所以一次不要制作太多，以免造成浪费。

迷迭香精油／纯露（制作难度：★★★）

就福建漳州产的迷迭香而言，1千克新鲜茎叶，能得到6毫升左右的迷迭香精油，含量高时，可收获10毫升左右。注意不要整枝蒸馏，那样的油品质和气味都较差，何况已经完全木质化的茎秆精油含量微乎其微。如前所述，迷迭香精油的主要成分有樟脑、龙脑、蒎烯和桉油醇，所含主成分不同，功效也有所差异；ISO国际标准根据迷迭香主要成分含量的差异，将迷迭香精油分为西班牙型和突尼斯/摩洛哥型。需要注意的是，因为气味相近，有些劣质的迷迭香精油中会掺杂尤加利精油或人工合成的香精来降低成本。当然尤加利精油本身物美价廉，只是如此便不能达到完全迷迭香精油的功效，何况尤加利精油在使用过程中也有它的注意事项，不能和迷迭香精油混为一谈。若添加香精者，虽然气味接近，却没有一点功效可言，只能当做普通香氛使用了。

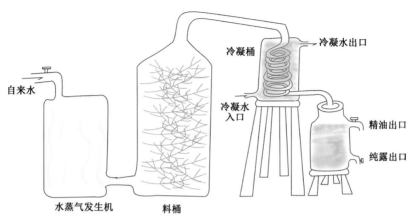

迷迭香精油、纯露生产示意

上图是迷迭香精油和纯露的生产示意图，显然不适于居家操作。因为精油是极珍贵的植物精华，想要在家里凭借少量枝叶就获得迷迭香精油是不可能的。一些市售的所谓家用纯露制作机，多采用风冷原理收集纯露，对活性成分损伤极大；即使采用水冷系统，因为冷凝管长度不够，效果也一般。在一些比较大型的香草园有开展提取纯露的DIY项目，可以使人体验到实验室提取纯露的精致感，但这套玻璃设备却不宜在家中铺开。若家庭阳台上种了一些迷迭香，倒是可以尝试用简单的家居日用品组装出一套最简易的纯露提取设备，品质虽不及标准化生产的产品，至少能保证天然无添加，也不失为闲暇时的一种乐趣。

材料（200毫升纯露的用量）

新鲜迷迭香茎叶 …… 200克

冰块 …… 1/4脸盆

主要工具

长嘴烧水壶 …… 1个（一般使用500～600毫升左右的随手泡即可）

炉具 …… 1个（一键开关的随手泡无法长时间加热沸水，推荐使用小型电磁炉/电陶炉加热）

脸盆 …… 1个

家庭提取迷迭香纯露示意

耐高温硅胶软管 …… 1根（茶盘配套的排水管即可；为保证冷却效果，请尽量准备长一些)

烧杯 …… 1个（玻璃材质最好，塑料材质也可以）

喷雾瓶 …… 1个

制作方法

1 将迷迭香茎叶修剪成3厘米长的小段，放入烧水壶中，加入清水。加入比例大约为100克鲜叶、200毫升水的用量（若烧水壶太大或鲜叶太少，水可适量增加）。

2 将冰块倒入脸盆，装少量水。

3 将硅胶管的一端套在壶嘴上，另一端经由脸盆接入烧杯中。

4 加热烧水壶至水烧开，转小火，静待迷迭香纯露馏出。

5 以100克鲜叶馏出100毫升纯露的比例收获纯露，留取量达到即可关火，装入喷雾瓶中使用。烧水壶中的迷迭香煎汤也具有很好的保健功效，经过滤后，加入清水中，可用来做手浴、手肘浴或足浴。

如此制作的迷迭香纯露常温、避光保存，作为日常的面膜水或爽肤水功效俱佳。

黏土面膜（制作难度：★）

　　黏土具有清洁毛孔的作用，可吸附毛孔中的污垢和油脂，从而打造透明肌。迷迭香则因为在抗氧化方面的显著表现，一直被当作抗衰老的圣品；此外，它在清理黑头和闭口性粉刺方面同样表现优秀。用这款面膜每周进行1～2次特别护理，有助于获得嫩肌肤。

材料（1次的用量）

迷迭香精油·················· 2滴
（或用1/2茶匙迷迭香浸泡油代替）
白色黏土 ·················· 10克
迷迭香纯露 ·················· 2茶匙
主要工具
电子秤 ·················· 1台
研钵 ·················· 1套

制作方法

1 在研钵中放入黏土和纯露，混合研磨成黏稠状。

2 加入精油，搅拌均匀即可。

天然精油／浸泡油具有相当复杂的活性成分，第一次使用时请先在手背或手肘处少量试用，24小时内未发现不适再正式使用。每周敷脸1～2次。将迷迭香纯露当作化妆水搭配使用效果更好，因不含防腐剂，建议现做现用。

迷迭香润唇膏（制作难度：★★）

这款润唇膏无论是作为干燥季节的保湿，还是用作彩妆前打底，效果都很好。配方中的迷失香精油可以淡化唇纹，令双唇丰盈饱满。

材料（约4支/盒润唇膏的用量）

玫瑰花瓣 ·····················5克（首选大马士革玫瑰或千叶玫瑰，如果喜欢深一些的颜色，可以添加滇红玫瑰花瓣或深红色的月季花瓣）

蜂蜡 ·························5克

乳木果油 ·····················10克

甜杏仁油 ·····················2克

橄榄油 ·······················3克

维生素E油 ·····················1克（可取自维生素E胶囊）

迷迭香精油 ················2滴/0.1克

主要工具

研钵 ·························1个

玻璃烧杯 ·····················1个

电子秤 ·······················1台

炉具 ·························1台

小汤锅 ·······················1口

5克装霜膏盒/润唇膏管 ······4个

制作方法

1 将乳木果油隔水加热至完全溶解。

2 参考迷迭香浸泡油的制作方法，将玫瑰花瓣浸泡在乳木果油中制成玫瑰浸泡油。

3 滤除玫瑰花瓣，加入蜂蜡至完全溶解。加入甜杏仁油、橄榄油和维生素E油。

4 加入迷迭香精油，搅拌均匀，装入润唇膏管/小霜膏盒即可。

迷迭香清新漱口水（制作难度：★）

现做现用的纯天然漱口水安全无毒，是对家人最好的呵护。因为迷迭香具有很强的抗氧化作用，马鞭草是强杀菌植物，故这款漱口水不容易变质。若前一晚备好次日一天的用量放在冰箱，则可很方便地保障家人一整天的口腔卫生及安全。

材料

10厘米的新鲜迷迭香枝条	2枝
15厘米的新鲜柠檬马鞭草枝条	1枝
清水	200毫升
食盐	少许

主要工具

陶瓷炖盅	1个
汤锅	1个
炉具	1个

制作方法

1 将汤锅坐水烧开。

2 将迷迭香和马鞭草剪小段放入炖盅内，加入清水，小火隔水加热20分钟（其间，不要打开盅盖）。

3 关火，将炖盅取出，常温放凉。

4 滤除枝叶，加入盐，摇匀即可。

迷迭香护发油（制作难度：★）

　　椰子油很适合料理头发，这款护发油搭配迷迭香洗发皂使用的话，效果更佳。每次洗发前先用此款护发油按摩头皮，之后用热毛巾包裹头部30分钟，再用洗发水/洗发皂洗净即可。如有需要，可重复清洗一次。

材料

椰子油	100克
薰衣草精油	10滴
天竺葵精油	6滴
迷迭香精油	8滴

主要工具

干燥、干净的广口密封罐	1个
温度计	1根

制作方法

1 用密封罐量取100克椰子油。

2 将密封罐置于热水中隔水融化。

3 待椰子油完全融化后，取出密封罐，当油温降至40℃，加入精油，搅拌均匀，晾凉备用。

 夏季椰子油为液态，常温下直接混合即可使用。

迷迭香美体磨砂膏（制作难度：★）

取适量迷迭香美体磨砂膏于掌心，轻轻对已清洁过的手肘或膝盖等需要深层清洁或去角质的部位进行按摩，以温水洗净即可。建议现用现做。

材料

迷迭香干叶 ·······················1茶匙

天然海盐 ·························2汤匙

甜杏仁油 ·························1汤匙

主要工具

可打干粉的食物料理机 ······1台

小研钵 ···························1套

制作方法

1 用食物料理机分别将海盐和干燥迷迭香叶打成细粉。

2 将盐粉倒入研钵，并加入迷迭香粉，混合均匀。

3 往研钵中加入甜杏仁油，与盐粉、迷迭香粉充分混合即可。

身体护理油（制作难度：★）

这款身体护理油含有肌肤必需的脂肪酸、矿物质和维生素，令身上各处的毛周角化症（俗称"鸡皮"）统统消失。其中的迷迭香精油能使您精力充沛、抚平颈部小细纹；薰衣草精油具有平复疤痕的作用，非常适合疤痕体质长期使用。

材料

甜杏仁油 ·············· 10毫升

葵花籽油 ·············· 12.5毫升

椰子油 ················· 12.5毫升

葡萄籽油 ·············· 10毫升

薰衣草精油············· 15滴

迷迭香精油 ············ 20滴

胡椒薄荷精油 ·········· 15滴

主要工具

量筒 ················· 4个

（如果基础油瓶的盖子带有刻度滴管则
无须量筒）

50毫升深色玻璃瓶······ 1个

50毫升烧杯 ·········· 1个

玻璃棒 ················· 1根

制作方法

1 将除精油外的植物油加入烧杯，充分混合均匀。

2 将所需精油全部滴入20毫升的深色玻璃瓶中（倾倒精油瓶时须格外小心，这三款精油都是类似清水的质地，流速很快，千万不要滴加过量）。

3 将混合后的基础油倒入20毫升的深色玻璃瓶中即可（冬季配制时，椰子油需预先加热至液态）。

纯精油因浓度太高，尽量避免和皮肤直接接触。用植物油稀释过后虽可放心使用，但相应的保质期也大幅缩短，建议在半年内用完。此外，再次强调：正式使用前请先在手腕内侧或耳后进行小面积试用，24小时内未见过敏反应才能放心试用。因迷迭香具有活血的功效，孕妇和高血压患者不宜使用。

迷迭香养生浴（制作难度：★）

全身浴配方一

用迷迭香白葡萄酒（制作方法参考食用篇）进行沐浴、美容护肤的同时，迷迭香清爽的香气可带给人由内而外的温暖。

材料

迷迭香白葡萄酒 ⋯⋯ 200毫升

（制作方法参见第36页）

温水 ⋯⋯⋯⋯⋯⋯⋯ 若干

主要工具

浴缸 ⋯⋯⋯⋯⋯⋯⋯ 1个

使用方法

1 洗澡水的温度保持在38 ~ 40℃，倒入迷迭香白葡萄酒。

2 将肩部以下的身体浸泡到水中10 ~ 30分钟即可。

全身浴配方二

　　月桂叶、柠檬草和迷迭香虽然都是厨房常见香料，用来泡浴的话，对缓解疲劳亦有立竿见影的效果。

材料

干月桂叶 ⋯⋯⋯⋯ 2平匙

干迷迭香叶 ⋯⋯⋯ 1平匙

柠檬草精油 ⋯⋯⋯ 5滴

温水 ⋯⋯⋯⋯⋯⋯ 若干

主要工具

浴缸 ⋯⋯⋯⋯⋯⋯ 1个

炉具 ⋯⋯⋯⋯⋯⋯ 1个

花草茶壶 ⋯⋯⋯⋯ 1个

使用方法

1 将月桂叶剪碎，和迷迭香叶一起加入花草茶壶，加入500毫升水，煮沸，关火静置，浸泡20分钟。

2 将步骤1的浸泡液倒入浴缸，加入柠檬草精油，混匀。

3 将肩部以下的身体浸泡到水中10 ~ 30分钟即可。

全身浴配方三

　　将薰衣草的放松效果以及迷迭香的活化身心作用结合在一起，能够起到缓解紧张情绪的作用。这个方法适用于因神经紧张而致失眠的人群。

材料

干燥薰衣草花苞 ⋯⋯ 2大匙/10克

干燥迷迭香叶 ⋯⋯⋯ 1大匙/5克

温水 ⋯⋯⋯⋯⋯⋯ 若干

主要工具

浴桶 ⋯⋯⋯⋯⋯⋯ 1个

茶包/中药包 ⋯⋯⋯⋯ 1个

使用方法

1 将迷迭香叶、薰衣草花苞装入茶包或中药包中，做成香草包。

2 在放洗澡水时将香草包一起放入，洗澡水的温度保持在38 ~ 40℃。

3 洗澡水放满后，让香草包在水中浸泡10 ~ 30分钟。

4 将肩部以下的身体浸泡到含有香草成分的洗澡水中10 ~ 30分钟即可。

全身浴配方四

　　迷迭香有辅助神经系统、缓解压力、增强记忆力和注意力的功效，在备考期间每天用迷迭香泡澡，可有效提升学习效率。

材料

迷迭香纯露········ 2 ~ 4汤匙

温水 ·············· 若干

主要工具

浴桶 ·············· 1个

使用方法

1 澡盆内注入38 ~ 40℃的洗澡水。

2 洗澡水放满后，倒入迷迭香纯露。

3 将肩部以下的身体浸泡到含有迷迭香成分的洗澡水中10 ~ 30分钟即可。

半身浴配方

　用干燥迷迭香叶和海盐为宿醉者做半身浴，可促进体内酒精快速排出，活化大脑，恢复情绪。推荐在宿醉后的次日清晨使用。半身浴能够减轻心脏的负担，非常适合长时间沐浴，会缓缓地促进身体血液循环，加快新陈代谢。由于能促进排汗，也适用于排毒和改善体寒。

材料

干燥迷迭香叶 ··· 1大匙/5克

天然海盐 ········· 1大匙/5克

温水 ·············· 若干

主要工具

浴桶 ·············· 1个

茶包/中药包 ····· 1个

使用方法

1 将迷迭香叶装入茶包或中药包中，做成香草包。

2 在放洗澡水时将香草包一起放入，洗澡水的温度保持在38 ~ 40℃，水位线以坐下时齐腰为宜。

3 洗澡水放至水位线后，让香草包在水中浸泡10 ~ 30分钟。

4 在洗澡水中加入海盐，并令其充分溶解。

5 坐入浴桶中，让下半身浸泡于水中。

足浴配方

　用迷迭香叶做足浴，可以促进全身血液循环，改善体寒和双脚浮肿。同时，它的香气能令人放松身心。

材料

干燥迷迭香 ················ 1大匙/5克

温水 ···················· 若干

主要工具

足浴桶/大号脸盆 ······· 1个

使用方法

1 在大号脸盆或足浴桶中放入所需用量一半的温水，加入迷迭香后浸泡5分钟。

2 用热水和凉水补足剩余水量，注意控制水温。

3 将双脚泡入水中，使热水没过脚踝，浸泡5～15分钟即可（过程中，若水温下降可加入热水。需要注意的是，加水时请将脚暂时踩在盆边，防止烫伤）。

迷迭香气泡蛋（制作难度：★★）

　　这是一款很实用的泡浴用品。累了一天回到家，未必有精神再去搭配泡澡用的香草包；在外出差或旅行，随身带香草包也容易被压碎，使枝叶散落到行李箱的每一个角落。这种情况下，气泡蛋是很方便的替代品，投入浴缸之后就会冒泡泡的属性同时具有解压的视觉效果。

材料（约4个小球的用量）

小苏打粉 ············· 80克

柠檬酸 ··············· 1汤匙

葡萄柚精油 ··········· 12滴

柠檬精油 ············· 12滴

迷迭香精油 ··········· 3滴

干燥的金盏花花瓣 1小撮（须切碎）

干燥的迷迭香叶 　1小撮（须切碎）

清水 ················· 3/4茶匙

主要工具

干燥、干净的小浅盆······1个

量勺 ·················· 1套

干燥、干净的密封罐······1个

硅胶手套/厨房手套 ······1副

电子秤 ················ 1台

制作方法

1 将小苏打和柠檬酸倒入浅盆中，混合均匀。

2 将金盏花瓣碎、迷迭香叶碎、配方中的各种精油加入浅盆中，继续混合均匀。

3 混合的过程中分3次加入清水，每次加入1/4茶匙的分量。

4 戴上手套，将粉末团压成圆形，放在密封罐中保存即可。

　　手上多余的潮气会影响粉末成团，所以手套不可省略。不用担心配方中含有光敏成分的精油会使皮肤变黑，因浓度很低，光敏成分稀释到一缸水中微乎其微，可放心使用。此方法制作的气泡蛋在常温避光处可存放15天。

迷迭香香薰疗法（制作难度：★）

　　精油的香薰用法大家都耳熟能详，却还是有很多人认为香薰用油和按摩用油是两种完全不同品质的精油。其实在芳香疗法中，香薰也得使用植物提取的精油才好，而不是街边10元一瓶的香精。若实在要论差别，则香薰用的都是浓度极高的纯精油，按摩油因为直接接触皮肤，要用植物油稀释后才能用。

　　部分人认为香薰对心理的影响，不过是被商家营销之后消费者产生的自我心理暗示。其实，气味之于心理的影响又何止香薰呢？人若长期身处满是二手烟的密闭房间，抑或长期居于臭气熏天的公厕、垃圾堆旁，想来心情总不可能阳光，同理可证。

　　迷迭香精油作为香薰精油，可以在活化脑细胞、使思绪清晰的同时，增强记忆力。对缓解紧张和焦虑的情绪非常有帮助，能让人在软弱和疲惫时抚慰心灵，进而活力充沛。

　　香薰推荐用量为每5米^{2}使用1滴纯精油（此为室内香薰使用标准，户外使用香薰时可酌情增量）。不需要刻意寻找它的香气，天然的气味很容易被人体适应；适应后，虽不易察觉到它的气味，但它仍然存在，当你重新进入这个房间时就会发现它。若为了香气明显而过分加量，当人体无法承受时就会出现头痛等症状。这是因为身体过量捕捉精油中高浓度的小分子物质却无法完全代谢造成的。当然，若出现这些症状，也无需过度紧张，立刻停止香薰并开窗透气，不适症状便会逐渐消失。

精油皂

（制作难度：★★★）

　　精油皂虽然不如冷制皂一样富含保湿甘油，但操作方便、造型丰富，随做随用也很便捷。精油皂的做法和所用工具大同小异，因此，主要工具和制作方法在此统一讲解，后文针对不同功效及用途列出一些迷迭香为主的手工皂配方供大家参考。

主要工具

电子秤（1台）

　　只要量程足够（最大能到1 000克最好，500克也行），若非大量制作，日常烘焙用的即可。

烧杯（1个）

　　用于融化皂基。使用之后，只需在水中浸泡一会儿即可轻松洗净。

刀（1把，可不用）

　　将皂基切成小块更方便融化。因皂基柔软，不怕损伤指甲的话，也可用手直接掰断。

炉具（1个）

电磁炉、电陶炉或燃气炉都可以，加热水浴锅用。

汤锅（1个）

用来充当水浴锅。材质不限，尺寸以能装得下烧杯为宜。

玻璃棒/竹签（1根）

用于搅拌。

硅胶模具（若干）

用于给皂塑形，造型各异，可自主购买。

小玻璃罐（1个）

制作香草水时使用，需要有盖子或塞子，对形状没有特别要求。

小量筒（1个）

用于量取所需的香草水。

研钵（1套）

配方中需研磨植物组织时使用，玻璃、陶瓷或石头材质皆可。

制作方法

蝶豆花水

斑斓叶汁

1 配方中若含有需提前浸泡的精华油、香草水或需提前研磨的香草汁，可先制备完成。

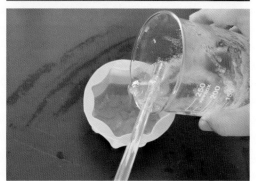

2 将皂基掰成小块（用刀切也行），放入量杯中，隔水加热至完全融化，除非需要很多泡沫来呈现不一样的效果，否则加热过程中尽量不要搅动。

3 待皂液彻底融化，取出烧杯，晾凉至80℃左右，加入配方的精油、粉末、蜂蜜等，缓慢搅拌均匀后倒入皂模，置于通风阴凉处冷却凝固成型即可。冷却过程需要数小时，如有急需也可将装有皂液的模具置于冰箱内冷藏1小时，但极热极冷的环境易使精油内部分成分流失，需慎重。

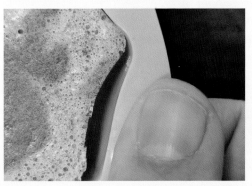

4 用手轻拉模具边缘，当模具内壁和皂体可轻松分离，视为可完整脱模的时机。定型后取出，干燥4～5天即可使用。常温干燥处保存，避免直射光。

参考配方

海之朝露皂（单块100克皂的用量）

最初设计这款皂时，脑海中一直浮现出地中海沿岸峭壁上那顽强生长的迷迭香。不用呆板的人工色素，而将蝶豆花富有层次的花青素加入透明皂基，在加热时特意搅拌出丰富的小气泡，以此来营造海浪和海水的效果。海面上漂浮着一朵还未消融的雪花，带给人一丝清晨的凛冽感。

材料

干蝶豆花 ················5朵
热水 ············50毫升/50克
无香的白色皂基 ········5克
无香的透明皂基 ·······90克
迷迭香精油·········1毫升/20滴

扫码观看"海之朝露皂"制作过程

制作方法

1 将蝶豆花装入具塞的玻璃瓶中（玻璃瓶的形状不限，有塞子或盖子即可），倒入配方表中的热水，盖上盖子浸泡至水温降回常温，取10毫升备用（剩余部分可用于制作面点或鸡尾酒）。

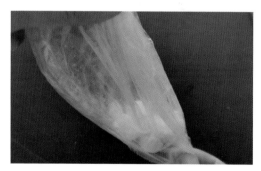

2 取一个小号的裱花袋或保鲜袋，将白色皂基按皂基皂制作步骤2的方法（参见本书第90页）分成小块装入袋中，扎紧袋口，将皂基集中在袋子的一角。

3 锅中水烧开，将装有皂基的袋子浸泡在热水中，至皂基完全融化。取出袋子并擦干，在尖角处用剪刀剪出一个小口（若不好掌握开口大小，也可直接用指甲抠破尖角）。将白色皂基挤入皂模中雪花的凹陷处，注意不要溢出，放在一旁冷却备用。

4 将透明皂基按第90页制作步骤2的方法分成小块装入烧杯中，加入步骤1得到的10毫升蝶豆花水中。

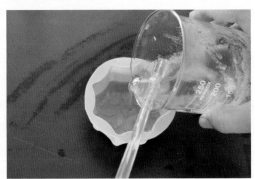

5 按第90页制作步骤2的方法水浴加热；加热的过程中缓慢搅拌，以便皂液中出现丰富的小气泡，营造海浪的效果。

6 按第90页制作步骤3的方法加入精油后倒入步骤3中备用的模具，待其冷却完全凝固即可脱模。

7 脱模后置于阴凉处，再干燥3~4天即可使用。因为使用天然花青素染色，不用担心洗涤过程中颜色染到物品或衣物上，可放心使用。

Hello Kitty皂（两块60克皂的用量）

这款皂专为美丽的小姑娘们设计。虽然是皂基皂，但特意添加的紫草油、金盏花油和竹炭粉除了丰富皂的色彩，对皮肤也有很好的清洁、消炎和保健功效。

材料

无香的白色皂基 …… 120克（脸部的用量）

无香的白色皂基 …… 3克（鼻子的用量）

无香的白色皂基 …… 5克（蝴蝶结的用量）

无香的白色皂基 …… 5克（眼睛的用量）

金盏花油 ………… 0.2毫升/0.18克

紫草油 …………… 0.1毫升/0.09克

竹炭粉 …………… 1/2茶匙

薰衣草精油 ……… 0.8毫升/16滴

迷迭香精油……… 0.4毫升/8滴

制作方法

金盏花油用来给鼻子染色，紫草油用来给蝴蝶结染色，竹炭粉用来给眼睛染色；这三部分可参照"海之朝露"皂中雪花的制作方法，需要注意的是，这款皂的眼睛部分是在皂体成型脱模后再注入，其余材料按照第90页的制作方法制作完成即可。

幸运草皂（单块60克皂的用量）

斑斓叶是东南亚的传统食用香草之一，颜色、香气均极佳。菠菜汁在皂中也能呈现稳定的绿色，但斑斓叶的绿色更有春天那生机勃勃的感觉，更能体现这款皂的寓意。

材料

无香的白色皂基 … 50克（主皂的用量）

无香的白色皂基 … 10克（"幸运草"的用量）

新鲜斑斓叶……… 2.5克

水……………… 5毫升/5克

柠檬香茅精油 … 0.4毫升/8滴

迷迭香精油……… 0.2毫升/4滴

制作方法

1 将斑斓叶剪碎后放入研钵，加入配方中的水，将斑斓叶磨碎。

2 用纱布包裹斑斓叶浆，挤出1毫升滤液，将滤液和配方中制作"幸运草"的那部分皂基加热融合，参照"海之朝露"皂中雪花的制作方法注入皂模，凝固后再将剩余的材料继续按照第90页的制作方法制作完成即可。

冷制皂

（制作难度：★★★★☆）

　　冷制皂因在较低的温度下天然皂化而成，保留了植物油中大量的活性成分和具有保湿功效的甘油，使用时不会像一般皂那样干燥。何况自制皂可以针对自己的肤质设计配方，绝非市售化工洗涤用品可以比拟。

　　冷制皂分为固态和液态，做法和所用工具大同小异，只因油的配方、实时气温不同等因素，制作时间会有所不同，所以主要用具和制作方法在此统一讲解，后文会以不同的功效及用途列出一些以迷迭香为主的几种手工皂配方和制作时间供大家参考。

主要工具

打蛋盆（1个）

　　搅皂时使用，不锈钢、陶瓷或玻璃材质均可。盆面不需要很大，但是尽量深一些，可以防止搅动的时候皂液泼溅。

打蛋器（1把）

　　搅皂用，为了制作出细腻均匀的皂体，搅皂速度应尽量缓慢一些；因此，手动打蛋器比电动的好用。市面上有售一款大小相近的电动搅皂器，速度还是太快，容易搅打出成堆的泡沫，且易造成皂液反应不均的情况。

温度计（1根）

　　玻璃的或电子温度计都可以。用来测量油和碱水的温度。

电子秤（1台）

只要量程足够（最大能到 1 000 克最好，500 克也行），若无大量制作的需求，日常烘焙用的即可。

烧杯（1个）

用来量取制作碱水用的水，手边没有大烧杯的话可以用普通玻璃杯称量水的重量，但所选玻璃杯应深一些，开口大一些，方便搅拌。

称量纸（1张）

称量氢氧化钠或氢氧化钾时使用。可以用轻薄的无翘边小碟子代替。

长柄不锈钢汤匙（1把）

应选择尽量厚实一些的长柄尖头不锈钢汤匙。冬天，棕榈核油和椰子油之类饱和脂肪酸含量高的油会变成固体，此时用勺子很便利；此外，制作液体皂的后半程，打蛋器力度不够，用勺子来搅拌比较称手。

硅胶模具（若干）

电商平台有售多款皂模具，可选择长条形的土司模，也可选形态各异的卡通模，在此不加赘述。需要注意的是，不同配方对应不同的重量，选购模具时应向商家确定模具可成皂的重量再行购买。

保温箱（1个）

可以用泡沫箱或车载保温箱，也可以在纸箱中铺毛毯来代替。主要作用是确保皂体固化的最后阶段环境温差不大，成皂质地均匀。

炉具（1个）

电磁炉、电陶炉或燃气炉都可以，加热植物油用。

汤锅（1个）

用来充当加热油的水浴盆。材质不限，尺寸以能装得下打蛋盆为宜。

玻璃棒/竹签（1根）

碱加入水中时用来搅拌碱水，辅助碱的充分溶解。没有玻璃棒时可以用烧烤竹签或者竹筷代替。

硅胶刮刀（1把）

皂液反应充分，倒入皂模后，用来将附着在打蛋盆内壁和盆底的皂液刮扫干净。

医用手套（1双）

碱水的碱性很强，容易灼伤皮肤，所以制作手工皂的过程中，建议佩戴手套。没有医用手套的话，厨房用的PVC手套也可以。

护目镜（1副）

用于防止碱水喷溅到眼睛。若有佩戴眼镜，则可省略。

围裙（1条）

防止制作过程中油、碱水和皂液喷溅到衣服上。

口罩（1个）

防止制作过程中油、碱水和皂液喷溅到口、鼻，同时防止碱水溶解过程中的气体灼伤呼吸道。

法压壶（1个）

制作香草水时使用，也可以用类似玻璃罐头瓶那样有盖子的厚玻璃瓶代替。

固体皂

制作方法

1 因为烧碱易灼烧皮肤，在手工皂制作过程中应全程穿戴围裙（如笔者般直接穿白大褂也可以）、护目镜、口罩及手套。

2 将氢氧化钠加入水中（害怕喷溅的话，这一过程可在洗碗槽中进行），用玻璃棒搅拌至氢氧化钠充分溶解。溶解时会释放大量的热量，杯体温度可高达近100℃，小心烫伤；溶解过程同时产生大量气泡（类似汽水那样），还伴有略微刺激的气味，注意佩戴口罩，不要站在下风口，也不要深呼吸，避免碱水释放的气体灼伤呼吸道。液体会出现短暂浑浊，静置一小会儿就会变得清澈透明（碱水的温度下降很慢，所以要最先制备）。

3 油会挂壁，称量时将干净、干燥的打蛋盆放在电子秤上，直接称取配方中所需的油（精油不在此列），可以减少倒换容器产生的误差（为了拍照直观，笔者用烧杯代替打蛋盆）。每次加入不同的油脂前，须将电子秤的指数清零。

　　冬季搅皂，有人喜欢先将椰子油和棕榈油隔水加热化开再称量，但反复加热会加速油的酸败，因此有人将易结块的油用小瓶分装。笔者通常直接称取固体的油脂加入配方油中，当然这需要有一点儿经验。新手为避免一次加入太多而无法挽回，可最先称量配方中的固态油脂，之后再依次加入液态油。

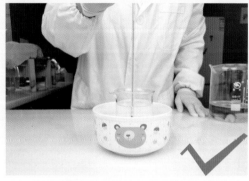

4 在汤锅中加入一些水（不计入材料列表中，额外的用量）大火预热。将混合好的植物油隔水加热至40℃，取出备用（若此时盆中有未完全融化的油块，不用担心，静置一会儿，利用油的余温就可以将其融化，无须一直加热，避免油温过高）。

5 碱水的温度必须降到40℃左右才可以使用，如果温度太高，可将装碱水的烧杯坐在冷水中辅助降温（测量温度时，为保证温度读数准确，温度计的头部尽量不要碰到容器的底和壁，而是保持在液体的中央）。

6 加入碱水时（为方便搅打，可将玻璃烧杯中的油倒回打蛋盆），注意要边加入碱水边用打蛋器缓慢搅拌（以40～80圈/分钟的速度为宜。这个过程一定要缓慢，防止皂液产生过多泡沫或溅出），为使皂体均匀，前20分钟必须持续搅拌，不能停顿。

刚刚好的状态

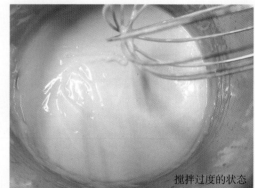

搅拌过度的状态

7 20分钟后，可用保鲜膜覆盖打蛋器和打蛋盆，保持皂体的湿度，每隔一会儿搅拌一下，观察皂液反应的状态。季节不同、室温不同，所需等待的时间会存在差异，有时差异可达数小时，在此不指出具体等待时间。

8 当皂体出现类似蛋奶糊的状态，提起打蛋器让皂液滴落，当痕迹可停留约10秒，视为反应程度刚刚好（这一状态俗称trace，简称"T"）。若痕迹太快消失，则需要再搅拌片刻；若痕迹停留时间过长甚至无法消失，则表示搅拌过度、皂液过于黏稠，如此倒入模具不容易形成均匀美丽的皂体。当真搅拌过度也无妨，对皂体的功效并没有什么影响，可多等待1天，待皂体大致固化，戴上手套搓成各种可爱的造型也不错。

10 精油易挥发，应在倒入模具前最后一步加入（大剂量的精油可使用刻度滴管或移液枪，微量精油可直接从精油瓶中滴出）。完成精油添加后再次将皂液搅拌均匀，为避免精油挥发过度，本次搅拌不宜太久，使精油分布均匀即可。

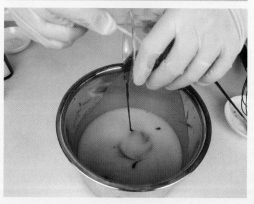

9 如果配方中有粉末，入模前取出约100毫升皂液，加入粉末，用小刮刀充分搅拌均匀后，将粉皂糊倒回原皂液中，搅拌均匀即可。无粉末的配方可忽略这一步（粉液常有颜色，喜欢大理石皂的朋友也可以待皂体入模后再用粉皂糊拉花，做成美丽的大理石纹理皂）。

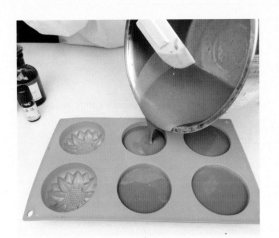

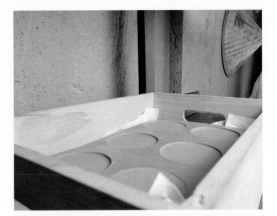

11 保温箱可以使模具周围的温差尽量缩小，保证皂体均匀。制作好的皂液根据需要倒入不同的模具，放入保温箱静置24小时进行皂液的固化（有些硅胶模具质地柔软，装满皂液后无法轻易移动，可先将空模具放入保温箱后再倒入皂液）。

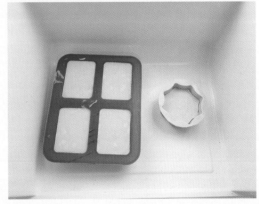

12 24小时后，取出装有皂体的模具，置于通风处阴干1～7天（不同配方的皂，不同的空气湿度和室温，都会导致所需干燥时间不同），用手拉开模具的一侧，如果皂体和模具内壁能够轻松分离就是可以脱模的干燥程度。若7天仍无法达到理想的脱模状态，即使破坏造型也要设法用小刀将皂体脱模，否则不利于皂体的正常干燥；若对皂体外形较为看重，无法顺利脱模时，也可将皂连同模具一起放入冰箱冷冻1小时，便可顺利脱模，但是因为极速温差，这么做对皂的品质会有影响，不到万不得已不推荐此法。

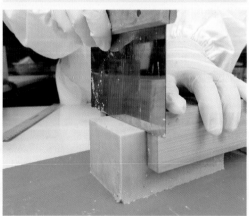

13 为切出均匀的大小，可用尺子和切割刀事先在皂体上做出记号。为保证切出美观的皂体，可用如图具有三个相互垂直的平面的框架辅助。如果是"吐司"皂，待皂体脱模后，仍需置于通风处阴干1～2天才能达到切块所需的硬度。戴上手套（此时，皂的碱性仍很强）切割到所需大小，如需加盖皂章或修皂，可在此时完成。

14 晾皂的位置事先铺好烘焙常用的油纸，将切好的皂立在纸上，置于阴凉通风处。整理好的皂块置于阴凉通风处1～3个月"熟成"后即可使用（从皂液倒入模具起到可以使用的时间称为"熟成"，为的是让皂体内部充分反应，将碱度下降到8～10，不同配方的"熟成"时间差异较大，具体时间视配方而定）。

虽然有熟成参考时间，但是刚熟成的皂含水量仍很大，若直接使用很快就会用完而给人以"不经用"的错觉，所以可以等待的话，放置久一点乃至一两年再用都没问题。橄榄油或山茶油比例高的皂放置久了容易出现黄色或棕色的斑点，甚至怪味，如此正是充分皂化、皂体变温和的特征，被认为是上佳的手工皂，可放心使用（杏仁油、米糠油、葵花籽油等配方制作的手工皂也容易出现色斑甚至变色，但因为这些油脂中亚油酸和亚麻酸含量较高，皂体内容易产生刺激皮肤的过氧化脂质，所以要在变色前使用）。

参考配方

迷迭香洗发皂（1升皂模的用量）

迷迭香同薰衣草皆属于芳香疗法中用途广泛的精油，其中迷迭香精油对保养头皮或头发有不可或缺的功效，只是它的气味单独使用过于浓烈，不是所有人都能接受。若将迷迭香和薰衣草或薄荷搭配，则不只功效有保障，还能令皂呈现非常高级的香氛。

迷迭香能促进毛发生长，并恢复头发的弹性和光泽，加上同样滋养头发的红糖汁，便是一块绝妙的洗发用肥皂。

材料

橄榄油	485 克
棕榈油	67 克
椰子油	119 克
热开水	400 克/400 毫升
氢氧化钠	100 克
干燥薰衣草花苞	2.5 克
干燥迷迭香叶	0.5 克
迷迭香精油	6 毫升 / 120 滴
薰衣草精油	12 毫升 / 240 滴
红糖	20 克
Trace 参考时间	12 ~ 24 小时
可脱模参考时间	3 ~ 7 天
熟成参考时间	4 周

制作方法

1 把干燥的薰衣草花苞及迷迭香叶加入法压壶，注入400毫升热开水，用搅拌棍将花草与热水充分搅拌混匀，将金属滤网压至液面，待其中的热水自然冷却再压下滤网，倒出其中的香草水。取270克/270毫升香草水置于冰箱冷冻1小时备用。

2 参照前文冷制皂的制作方法，用冷冻1小时后的香草水替代固体皂制作步骤2中水的部分。加入精油的同时加入红糖汁，用打蛋器混合均匀再倒入模具。

迷迭香绿泥皂（6块100克皂模的用量）

这款冷制皂具有强力清洁作用，因含有甘油，还有很好的保湿效果；燕麦的加入可以很温和地去除老化角质，令粗糙的双手变得柔滑；绿泥具有很好的排毒功效，可以增强皮肤的免疫力，还可以赋予这款皂美丽的颜色。

材料

橄榄油 …………	310克
椰子油 …………	90克
棕榈油 …………	30克
水 …………	170克/170毫升
氢氧化钠 ………	64克
绿泥 …………	10克
燕麦粉 …………	5克
胡椒薄荷精油 …	2毫升／40滴

柠檬香茅精油 ………2毫升／40滴

迷迭香精油………2毫升／40滴

Trace 参考时间………1 ～ 2小时

可脱模参考时间 ……3 ～ 4天

熟成参考时间 ……4周

制作方法参考通用方法即可。

扫码观看"迷迭香绿泥皂"制作过程

迷迭香消炎皂（4块100克皂模的用量）

　　迷迭香精油本身具有消炎效果，再搭配同样具有消炎效果的甜杏仁油和保湿恢复能力一流的橄榄油，面对轻微的皮肤炎症，这款皂在清洁之余即可起到很好的辅助消炎功效，但如前所述，甜杏仁油容易酸败，故用量不可添加太多，一次也不适宜大量制作。

材料

橄榄油 …………… 210克

椰子油 …………… 45克

玉米油 …………… 20克

甜杏仁油 ………… 15克

水 ……………… 110克/110毫升

氢氧化钠 ………… 37克

迷迭香精油 ……… 1.5毫升/30滴

薰衣草精油 ……… 1.5毫升/30滴

茶树精油 ………… 1.5毫升/30滴

Trace 参考时间 …… 12 ～ 24小时

可脱模参考时间 … 5 ～ 7天

熟成参考时间 …… 6周

制作方法参考通用方法即可。

液体皂

　　对于习惯使用洗涤剂的人，液体皂的使用体验优于固体皂。此外，液体皂也比固体皂更方便携带。不同于市售的普通洗涤剂，液体皂不含对人体和环境有害的荧光剂、增稠剂和会刺激皮肤的廉价表面活性剂，安全、健康、放心。

制作方法

前面7个步骤参照固体皂（第98～100页），在此不予赘述。

8 制作液体皂的皂团，搅拌程度必须超过固体皂很多。当皂糊变黏稠，用打蛋器搅拌感到吃力时，可换成大汤匙或舀干饭的饭勺继续搅拌（因为液体皂使用食材制作，用后的饭勺清水洗净即可重新做回餐具，很安全）。

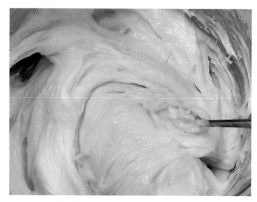

9 这是搅拌最费力的阶段，手酸了可以如（第100页）步骤7一样用保鲜膜覆盖皂盆，休息一会儿再搅拌。当皂团变成如图的麦芽糖状，翻搅时有一定的延展性（有的配方在拉伸时甚至会出现如麦芽糖般的光泽），表示皂团已经准备就绪。

12 "皂团完全呈现透明的状态"是彻底熟成的唯一标准，如果还有不透明的部分，多等待一段时间即可。

10 当皂团达到步骤9的麦芽糖状，就可以用保鲜膜覆盖打蛋盆，连盆一起放入保温箱内静置24小时进行最后的皂化。

11 保温箱内皂化24小时后取出打蛋盆，用大汤匙翻动皂团可明显感觉到皂团变硬，延展性比24小时前降低很多，甚至消失。同固体皂一样，液体皂的皂团也有"熟成"过程。将皂团舀至陶瓷盘子或浅盆内，至于阴凉通风处15～20天进行熟成。因配方不同、室温不同，熟成的时间并不统一。

13 将皂团撕成小块，倒入配方中稀释用的水或纯露，静置24小时（赶时间的话，可以将整盆皂团坐在热水中进行提速，但反复加热会破坏皂的营养物质，所以也可以就这么让皂团浸泡在水中，静候一晚）。

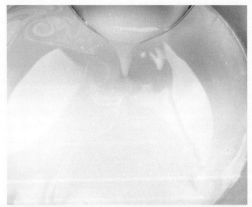

15 制作洁面皂的话，到这一步就可以按照配方加入精油，装入泡沫瓶中当做洁面慕斯使用了（泡沫瓶在电商平台有售）。在清洁油脂方面，手工皂的表现优于一般市售的洗面奶，能很好地胜任日常淡妆和防晒霜的卸妆需求。

14 24小时后，皂团充分溶解，根据配方不同将呈现不同的颜色。刚制作好的液体皂流动性很强，类似水的流速。这并不是因为浓度不够，而是因为没有像市售的洗涤产品一般添加增稠剂，但里面的活性成分和清洁力都很充分。

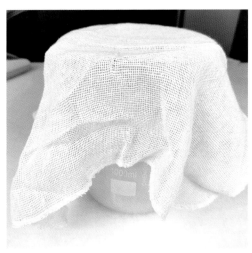

16 在使用液体洗发皂和沐浴皂时，有些人不习惯泡沫慕丝的手感，觉得让皂体拥有类似市售洗沐产品一样的流动性会更亲切。为此，有些制皂师便参照日常洗涤剂的配方给皂体添加增稠剂，最常见的是添加饱和食盐水。但以笔者的经验，此法并不可行。因为食盐水会和皂液反应快速生成沉淀物，虽然能让皂液稍微变稠，却降低了皂的清洁力。除此之外，添加三乙醇胺、黄原胶等有机增稠剂也是常用的办法，却失去了手工皂"天然"的初衷。笔者采用的办法很原始，皂液稀释好之后，就这样装在一个大口玻璃容器中，盖上一块棉质纱布以防止蚊虫的掉落，如同固体皂的"熟成"，一般让它在阴凉通风的地方静置大约4周，期间偶尔搅拌一下，防止表面"结皮"而阻碍皂体内部水分的蒸发，皂液自然就变稠了（此法获得的液体皂，即使在清洁多发量的长发时也能轻松应对）。

参考配方

迷迭香焕颜洁面皂（1千克皂液的用量）

迷迭香精油消除细纹的效果首屈一指，这款皂采用很温和的油脂配方，很适合暗沉老化的肌肤；特意选用森林气息浓郁的伍德迷迭香花，每天清晨洗脸时如沐浴着林间投下的斑驳阳光。

材料

椰子油	50 克
可可脂	10 克
葵花油	40 克
棕榈果油	100 克
蓖麻油	40 克
菜籽油	50 克
甜杏仁油	10 克
氢氧化钾	63 克

干燥的伍德迷迭香花…2汤匙/1克　　　　胡椒薄荷精油　………3毫升（约60滴）

热水　……………300克/300毫升　　　　成团参考时间　……12～24小时

迷迭香纯露……………850克（溶解皂　　熟成参考时间　……约15天

团用）　　　　　　　　　　　　　　　　适合肤质　…………中／油性

迷迭香精油……………3毫升（约60滴）

制作方法

1 把干燥的迷迭香花加入法压壶，注入300毫升热开水，用搅拌棍将花草与热水充分搅拌混匀，将金属滤网压至液面，待其中的热水自然冷却再压下滤网，倒出其中的香草水。取190毫升香草水，放入冰箱冷冻1小时备用。

2 参照第98～100页步骤1至步骤7制作方法，用冷冻1小时后的香草水替代步骤2中水的部分，参照第107～108页完成步骤8至步骤12。

3 皂团熟成后，参照第108页步骤13，将配方中的迷迭香纯露充分溶解，加入精油，搅拌均匀即可装瓶使用。

迷迭香深层洁净洗发皂（800毫升皂液的用量）

迷迭香精油对头屑和脱发的问题有很好的保健效果，用来拯救发际线和"地中海"再合适不过。配方中的椰子油有很好的清洁力，荷荷巴油和蓖麻油都是养发护发必备好物，即使头屑、脱发问题，作为头发的日常保养也很不错。

材料

椰子油 ……………… 220 克

菜籽油 ……………… 50 克

荷荷巴油 …………… 10 克

蓖麻油 ……………… 20 克

水 …………………… 220 克（溶解氢氧化钾用）

氢氧化钾 …………… 72 克

迷迭香纯露 ………… 550 克（溶解皂团用）

迷迭香精油 ………… 10 克（约 200 滴）

成团参考时间 ……… 4 ~ 6 小时

皂团熟成参考时间 … 约 20 天

皂液熟成参考时间 … 4 周

适合发质 …………… 油性

制作方法

1 参照第 98 ~ 100 页的制作方法完成步骤 1 至步骤 7，再参照第 107 ~ 108 页的制作方法完成步骤 8 至步骤 12，皂团熟成后，参照第 108 页步骤 13 用迷迭香纯露替代水溶解皂团，充分溶解。

2 刚刚溶解的皂液约有 950 毫升，流速接近水，按照第 110 页步骤 16 的方法进行第二阶段的熟成。

3 当皂液体积降至 800 毫升后加入精油即可装瓶使用（若还需要更黏稠一些，可多等一段时间）。

这款配方静置一段时间后皂液会自然分层，这是正常现象，使用前摇匀即可。

用液体皂洗头发不容易生头屑，对毛囊的清洁性很好。但用皂洗发对水质的要求很高，若清洁用水中钙、镁离子含量偏高（自来水中常有这个问题），头发洗后就容易发涩。为了避免这一点，可以用果醋、食用醋或柠檬酸漂洗一遍即可。醋作为发酵的产物，对头皮本身就有很好的滋养效果。

扫码观看"迷迭香深层洁净洗发皂"制作过程

Part 4

迷迭香真的很美

- 庭院造景
- 街角小品
- 桌面盆景
- 插花艺术

如前所述，迷迭香的株型有直立、半匍匐和匍匐型，从花色区分可分为蓝色系、粉色系和白色系等，同一色系尚有不同深浅度的花色，可谓品种繁多。即使不在花期，迷迭香浑然天成的叶态也可以为园林景观增加特有的线条感，无需精细的修剪管理即可呈现优雅的风姿。

　　在欧洲，迷迭香是园林绿化造景中的传统灌木植物；无论是英国皇家园林抑或各大知名园艺展，总少不了它的身影。现英国王储查尔斯王子的私家庄园——Highgrove Estate（海格罗夫庄园）便在碎石路两侧大量运用迷迭香作为灌木球列植，为看似无序的草花增加必要的整体感。

　　诸如此类的知名案例不胜枚举，在本书的最后，集中展示一些最近几年迷迭香在闽南地区园林绿化中使用的案例，供大家参考。

庭院造景

2020年10月，摄于厦门市海沧区天竺山香草园

迎宾区植物搭配

藤本背景墙：翼叶山牵牛
大乔木：锦叶榄仁
大灌木球：米兰、迷迭香
小灌木：宝珠茉莉、长春花
小盆栽：金边吊兰、甜叶菊、千日红

　　作为欧式风格的园区，天竺山香草园的绿化设计师在配置香草品种方面，遵循典型的英式田园风，大胆启用迷迭香替代闽南常用的胡椒木、扶桑、假连翘等树种，作为迎宾区绿化小品的主灌木球，搭配防腐木的建筑和欧式家具，令人仿佛置身格洛斯特郡的乡间。

道路旁植物搭配

一年生草花：百日菊
大乔木：锦叶榄仁、香樟
小乔木：柠檬、苦橙
绿篱：红背桂、迷迭香、芳香万寿菊、九层塔、秋海棠
地被：百里香、甜叶菊

2020年10月，摄于厦门市海沧区天竺山香草园

　　天竺山香草园的核心区域占地约2万米^2，整个园区采用碎石路和石板踏步的组合进行道路排布，芳香植物和常规绿化树种交错，可谓闽南地区最具英式风格的园区之一。

　　当然，在这里同样少不了迷迭香的身影。傍晚穿行于园区内，迷迭香独有的芳香便留在游园人的指尖、裙摆和衣角，令人回味无穷。

2020年10月，摄于漳州市长泰县福友生态农庄

若对搭配植物没有自信，那么即使只是简单将迷迭香列植于廊前的花池内，它优雅的线条，一样可以轻易抓住过往行人的眼球。

　　很多园区开辟专门的种植区，为餐厅提供新鲜健康的果蔬。作为宣传的卖点之一，此类种植区常对游客开放。

　　迷迭香作为常规食用香料，也经常出现在此类种植区中。

2020年10月，摄于漳州市长泰县福友生态农庄

　　不同于一般蔬菜和葱姜蒜，迷迭香可以被修剪成很规整的球形，兼具很高的观赏性，栽种在蔬菜旁边还能驱赶鞘翅目害虫，是很实用的一种香料植物。

ESQUIRE
AM 10:30 - PM 22:00

街角小品

植物搭配 |

一年生草本：九层塔

灌木丛：迷迭香

2020年10月，摄于漳州市某甜点铺门前

2020年10月，摄于漳州市某咖啡馆门前

植物搭配

多年生草本：留兰香薄荷
小灌木：迷迭香、米兰、茶花

桌面盆景

盆景设计：李珊珊、吴维坚
拍摄时间：2020年11月

所用素材

植物部分：雷克斯迷迭香、法国百里香、苔藓
石材：九龙壁原石、白石子
盆：紫砂盆（可用陶盆替代）

　　盆景设计的灵感源自枯山水式庭院风格。以苔藓营造草坪效果；以造型独特的九龙壁作为"山"；以白石子作为"水"；用5厘米×10厘米的法国百里香作为"灌木球"；用15厘米高的雷克斯迷迭香作为"乔木"。

　　定植前，修剪掉迷迭香基部的枝叶，以营造"树干"的效果。组盆时，在盆底先铺设一层无纺布，放置基质泄漏，再铺设1～2厘米厚的陶粒以增加根部的透气性，最后用本书前文介绍的扦插用土装填，同时填入植物和石头，在表面铺上苔藓和石子即可。注意将迷迭香的定位略抬高一些，一方面可营造起伏的山坡地形，另一方面有助于提高迷迭香基部的透气性。

这款香草盆景的植物组成为喜阳植物，可耐半阴，室内摆放位置应以能晒到散射光、通风效果好的书房、客厅为主。不能摆放在无光照的墙角或卫生间。

若有庭院，也可摆放于院中凉亭。

盆景设计：李珊珊、吴维坚
拍摄时间：2020年11月

所用素材

植物部分：伍德迷迭香、宽叶百里香、希腊牛至、青苔

石材：粗河沙

盆：黄泥紫砂盆（可用陶盆替代）

　　这是一款欧式庭院风格的微盆景。同样以苔藓营造草坪效果；用粗河沙铺设"砂石路"；用5厘米×10厘米的宽叶百里香和希腊牛至分列两侧，作为"灌木丛"；用15厘米的伍德迷迭香作为"乔木"。

　　定植前，修剪掉迷迭香基部的枝叶，以营造"树干"的效果。组盆时，在盆底先铺设一层无纺布，防止基质泄漏，再铺设1～2厘米厚的陶粒以增加根部的透气性，最后用本书前文介绍的扦插用土装填，同时填入植物，在表面铺上苔藓和石子，再加以装饰即可。

这款微盆景使用的香草都是西餐料理中常用的配料，修剪下来的枝叶均可直接用于烹饪。若不想频繁修剪，百里香和希腊牛至也可让匍匐枝条如流水般悬垂到盆外，会产生不一样的景观效果。

盆中央的伍德迷迭香进入花期会开放成穗的蓝色小花，搭配黄泥盆的颜色非常明快。

插花艺术

花束设计：杨敏
拍摄时间：2020年11月

罗马春天

灵感来源:《罗马假日》

花材：罗马洋甘菊、香水百合、白蔷薇
　　　（即市售的白玫瑰）

叶材：迷迭香

　　罗马假日中的奥黛丽·赫本是无数人心中永恒的白月光，她和格里高里·派克戏里戏外纯洁而深刻的情谊也无不令人赞叹。

　　白蔷薇和香水百合的搭配，正如天真、单纯又明艳的赫本，温柔、芳香又不失高雅；罗马洋甘菊和迷迭香正是罗马春日里常见的装点，俏皮、素雅而清心。

花束设计：李珊珊
拍摄时间：2020年11月

紫罗兰之歌

灵感来源：《戴珍珠耳环的少女》

花材：海洋之歌月季（即市售的紫玫瑰）、白蔷薇（即市售的白玫瑰）、白色紫罗兰

叶材：迷迭香、香叶天竺葵

　　《戴珍珠耳环的少女》是一幅很特别的画作。第一眼看去，并不觉得有什么特别，可是越看越移不开视线，画中少女那羞怯中带着笑意的眼神和欲言又止的神情，不知多少人被勾起青涩的回忆。所以想要设计一束花，第一眼看时，不觉得有什么特别，多看两眼，却能勾起年少时的回忆。

　　在选择花材时，选择紫玫瑰作为主花，紫罗兰色的海洋之歌一如画中少女的蓝色头巾，无需太多，却直直映入眼帘。

花束设计：杨敏

拍摄时间：2020 年 11 月

初夏

灵感来源：《Summer》
花材：白蔷薇（即市售的白玫瑰）、雏菊/杭白
　　　菊、天蓝鼠尾草
叶材：塞汶海迷迭香

　　《Summer》是日本音乐家久石让为电影
《菊次郎的夏天》谱写的主题曲，旋律明快、
欢乐。秋末初冬的闽南，只有杭白菊在恣意
怒放，却意外地暗合这一曲风。

　　塞汶海迷迭香的枝条不如直立迷迭香那
么挺拔，却给了花束更温柔的感觉，搭配几
朵白蔷薇，正如《Summer》这首曲子一样，
让人从心底暖出来。

花束设计：杨敏

拍摄时间：2020年11月

醉海棠

灵感来源：《海棠春睡图》

花材：白蔷薇（即市售的白玫瑰）、海洋之歌月季（即市售的紫玫瑰）、洋甘菊、天蓝鼠尾草、白色紫罗兰

叶材：塞汶海迷迭香

　　最早见《海棠春睡图》始于《红楼梦》，翻阅，竟是源自坊间流传的一段唐明皇与太真妃的日常轶事。虽真实性待考，但故事里的情感确实动人。

　　花束采用不对称的构图，以迷迭香和天蓝鼠尾草勾勒出贵妃"醉颜残妆，鬓乱钗横"的醉态，又用白蔷薇、紫罗兰和洋甘菊突显贵妃的天香国色，那两朵紫罗兰色月季则是象征贵妃娇弱无力的妩媚状。

花束设计：李珊珊

拍摄时间：2020年11月

空山新雨

灵感来源：《山居秋暝》
花材：香水百合
叶材：塞汶海迷迭香

　　这是一束偏中式的插花，却不想要太多留白。

　　塞汶海迷迭香的叶子在几个迷迭香品种中算短的，这样密密短短地排布在一起，倒有点远山上松枝的意境，当真用松枝不但难觅，近看反而失了意境。再者，塞汶海迷迭香正是含苞的时候，香气也接近松柏而更显一些，为这束花多了些深山的空灵。

　　夜里一场细雨，谷中的百合迎上清晨的朝阳，正该是这种感觉吧！

花束设计：李珊珊、杨敏
拍摄时间：2020年11月

鸟鸣涧

灵感来源：《入若耶溪》

花材：香水百合

叶材：塞汶海迷迭香、四季桂枝叶

　　这束中式插花取自《入若耶溪》中"蝉噪林逾静，鸟鸣山更幽"的意境，将四季桂和迷迭香枝干上多余的叶片全部剪除，使画面产生大量的留白，以达到"静、幽"的既视感。

参考文献

吉尔·诺曼, 2019. 香草与香料 [M]. 桑建, 译. 北京: 中国轻工业出版社.

绿蒂亚·波松, 2014. 纯露芳疗全书 [M]. 肯园芳疗师团队, 译. 台北: 野人文化股份有限公司.

前田京子, 2004. 纯天然手工香皂 [M]. 台北: 三悦文化图书事业有限公司.

日本美丽社, 2013. 阳台种菜放心吃 [M]. 长春: 吉林科学技术出版社.

苏珊·柯蒂斯, 路易斯·格林, 佩内洛普·欧迪, 等, 2018. DK 香草圣经 [M]. 张琳, 译. 武汉: 湖北科学技术出版社.

糖亚, 2012. 在家做100%超清洁液体皂 [M]. 北京: 华夏出版社.

王梓天, 2015. 香草系生活 [M]. 北京: 电子工业出版社.

威廉·登恩, 2010. 香草花园 [M]. 蔡丸子, 译. 武汉: 湖北科学技术出版社.

温佑君, 肯园芳疗师团队, 2016. 芳疗实证全书 [M]. 北京: 中信出版集团.

詹卡·麦克维卡, 2014. 香草! 香草! 创意庭院种植 [M]. 张娜, 等, 译. 北京: 电子工业出版社.

佐佐木薰, 2014. 香草的栽培与妙用 [M]. 杜怡萱, 译. 上海: 上海科学技术出版社.

佐佐木薰, 2016. 爱上香草幸福日 [M]. 胡静, 译. 北京: 化学工业出版社.

Rosemary Gladstar, 2012. Rosemary Gladstar's Medicinal Herbs: A Beginner's Guide:33 Healing Herbs to know, Grow and Use [M]. Storey Publishing, LLC.

2020年初，突如其来的新冠肺炎疫情让全国乃至全球都有了一段特殊的经历。"整个月足不出户"成为很多国人难忘的回忆。就在这段特殊时期的某一天夜里，我的丈夫突然毫无征兆地发起低烧。考虑到当时漳州的病例极少且都及时被隔离，我的家人每次出入都严格做好防护措施并执行消毒程序，再综合他当时表现出来的各种症状，理智告诉我，他只是得了轻微的急性胃肠炎，休息一晚就能痊愈。但在当时的大环境下，想到家里还有两个幼子，焦虑的情绪突然涌上心头——万一我判断错误怎么办？万一因为我的误判，他错过了最佳治疗时间怎么办？万一因为我的误判，疫情在全家蔓延开甚至祸及四邻怎么办？窗外是漆黑的夜晚，本该车水马龙的街道上连一个行人都没有，不知不觉间，焦虑已经到了令人窒息的程度。

慌乱间，我疯了一样拿起酒精瓶把全家从里到外全部擦拭一遍，不放过任何一个死角。浓浓的酒精味把本已熟睡的家人全部呛醒。我的焦虑情绪却迅速平复了。情绪的平复当然不是因为那刺鼻的酒精，而是因为早些时候我在酒精瓶里添加的辅助消毒的迷迭香精油。当我在疯狂用酒精消毒时，大脑已经处于混沌状态，完全忘了里面还有迷迭香精油，只是想把危险的病毒扼杀！可迷迭香精油就是这么神奇，从闻到它的香味那一刻起，我狂跳的心脏就慢慢平稳下去，呼吸渐渐顺畅、太阳穴不再刺痛。这是一种很神奇的感觉，并不以我的主观意识为转移。以致在我完全冷静之后，才想起迷迭香精油具有镇静的功效。也许有人会觉得我有些夸大其词，若非亲身经历，真的很难体会，这也让我再一次感慨迷迭香抗焦虑之神奇有效。

当然，当思路清晰后，我再一次总结我丈夫的症状：没有咳嗽、流鼻涕、呼吸不畅等感染新冠肺炎病毒该有的症状，肺部的声音没有异常，体温虽然略高但没有超过37.5℃，下午到现在已经拉过几次肚子……结合他午后的食谱，应该是急性胃肠炎无疑。即使如此，我还是实时监测他的体温变化，直到夜里他完全退烧再无反复之后才彻底放心。

在这场虚惊之中，我最感激的就是迷迭香精油，如果不是它让我快速冷静下来，在这种敏感时期，恐怕不等我丈夫康复，我的精神已经崩溃。

李珊珊
2020年11月

图书在版编目（CIP）数据

爱上迷迭香：迷迭香栽培与实用手册/李珊珊著．
—北京：中国农业出版社，2020.12
（恋恋香草园）
ISBN 978-7-109-27932-2

Ⅰ.①爱… Ⅱ.①李… Ⅲ.①香料作物－栽培技术－
手册 Ⅳ.①S573-62

中国版本图书馆CIP数据核字（2021）第025274号

爱上迷迭香：迷迭香栽培与实用手册
**AISHANG MIDIE XIANG : MIDIEXIANG ZAIPEI
YU SHIYONG SHOUCE**

中国农业出版社出版
地址：北京市朝阳区麦子店街18号楼
邮编：100125
责任编辑：孙鸣凤
版式设计：杜 然 责任校对：刘丽香
印刷：北京缤索印刷有限公司
版次：2020年12月第1版
印次：2020年12月北京第1次印刷
发行：新华书店北京发行所
开本：889mm×1194mm 1/24
印张：$6\frac{2}{3}$
字数：150千字
定价：69.00元